MANUEL

POPULAIRE

DE DRAINAGE.

MANUEL

POPULAIRE

DE DRAINAGE

Par A. VITARD,

Agent-Voyer principal,

Secrétaire-Trésorier et Directeur des travaux de l'Association agricole
philanthropique de drainage du département de l'Oise,

OUVRAGE PUBLIÉ SOUS LES AUSPICES DE CETTE ASSOCIATION.

BEAUVAIS,

TYPOGRAPHIE D'AUGUSTE FLOURY, RUE SAINT-JEAN.

—

1854.

A Monsieur Randouin,

Préfet de l'Oise, Commandeur de la Légion-d'Honneur.

Monsieur le Préfet,

En vous dédiant ce nouveau *Traité de Drainage*, je remplis un devoir. Dans la première lettre que j'avais l'honneur de vous écrire de Valenciennes, pendant la session du Congrès, j'énonçais un fait qui a reçu une consécration solennelle au Comice de Chaumont, où vous avez prononcé les belles paroles qui servent d'épigraphe à mon livre.

Dès le principe, vous avez parfaitement apprécié la portée du drainage; dès le principe, vous êtes entré résolument dans la voie que vous avez suivie constamment, avec tant de sollicitude.

Nous manquions tout naturellement, dès le début, de machines pour commencer la fabrication de nos tuyaux, et c'eût été pour nous, une lourde charge que de nous en procurer avec nos faibles ressources. Vous avez, en conséquence, proposé au Conseil général de voter les fonds nécessaires pour en acheter quatre, et cette assemblée, animée du désir de concourir aux résultats que vous annonciez déjà, avec conviction, nous a généreusement accordé les moyens de tenter les essais qui ont produit les effets que nous sommes si heureux de constater aujourd'hui.

Depuis, toutes les mesures qui avaient pour but de consolider notre association, ont été accueillies par vous avec empressement. Aussi, forts de l'appui moral que vous nous prêtiez, nous avons marché à grands pas, et, au point de vue de la nature de notre association, nous nous sommes trouvés placés, en France, au premier rang.

Ce n'est pas là une assertion hasardée, Monsieur le Préfet; en émettant le vœu de voir le Gouvernement favoriser, par tous les moyens en son pouvoir, la formation d'associations ayant le même caractère que la nôtre, le Congrès de Valenciennes l'a d'avance justifiée.

Vous continuez, Monsieur le Préfet, à seconder nos efforts, en plaidant notre cause auprès du Gouvernement, pour que nous ne restions pas abandonnés à nos propres forces, et pour que la loi du 29 avril 1845 soit déclarée applicable au drainage.

Si, cette année, nous avons déjà pu doubler nos produits, nous les triplerons en 1854, et vous pourrez dire aux membres du Congrès qui doit avoir lieu prochainement, dans notre ville : *Nous aussi, nous nous occupons sérieusement de l'agriculture, cette profession moralisatrice, cette mère nourricière du peuple.*

Agréez, je vous prie,

Monsieur le Préfet,

la nouvelle expression de mes sentiments les plus respectueux.

A. VITARD.

Dans l'*Essai* que j'ai publié, en 1851, je n'avais à
traiter la question du drainage, que d'une manière som-
maire. Je ne pouvais que fournir des données, qu'indiquer des faits de nature à permettre d'apprécier les
résultats que ce système d'assainissement avait produits.

Aujourd'hui, ma tâche est plus nettement définie.
Des effets constatés par des hommes compétents, réunis
en commissions, sur l'invitation de notre honorable
magistrat, ne laissent plus de doute sur l'efficacité du
drainage ; mais, l'application en est encore peu connue,
et des essais tentés par des hommes pleins de bonne
volonté, pourront être malheureux, parce que les précautions indispensables, auront paru superflues. Si le
drainage est, en général, d'une exécution facile, il se
présente des cas où des notions scientifiques spéciales
sont de première nécessité, où le dévoûment, la pru-
dence doivent marcher de pair, si l'on veut atteindre

le but que l'on se propose. Si c'est assez dire que le besoin d'un Manuel de drainage se fait sentir, ce n'est pas à ce point de vue, seul, que l'on doit envisager la question.

On a émis des doutes; il faut les faire disparaître, en expliquant aussi nettement que possible, les raisons qui permettent la confiance. On a signalé des obstacles, sans discuter; il faut les examiner avec soin; il faut les prendre, corps à corps, et prouver que si le drainage n'est pas une *panacée universelle*, il peut, du moins, conduire à la solution du problème de la *vie à bon marché*, et rendre saines les contrées qui le sont le moins.

Voilà la tâche que je me suis imposée. Si je la remplis mal, je n'aurai rien à me reprocher; car, j'aurai fait tout ce qui m'aura été humainement possible pour bien m'en acquitter.

NOUVEAU

MANUEL DE DRAINAGE.

————◆————

.....Alors on ne parlait pas drainage ; la découverte
est toute moderne : elle n'est même ni assez connue,
ni assez accréditée. Moi, j'en parle, parce que j'ai la
foi ; je veux être l'apôtre du drainage dans le département. Je pense que le temps est venu où toutes
les associations agricoles doivent organiser une vaste
croisade pour populariser le drainage, pour propager
l'usage de cet ingénieux procédé qui doit doubler les
produits de la terre et résoudre le problème d'une
perpétuelle abondance.....

*(Paroles de M. le Préfet de l'Oise, prononcées le
18 septembre 1853, au Comice agricole de Chaumont.)*

I.

CONSIDÉRATIONS GÉNÉRALES SUR LE DRAINAGE.

L'eau, que l'on emploie avec intelligence et sans outrepasser
les besoins de la végétation, produit toujours d'heureux résultats ; l'eau, comme le dit M. Bosc, est, en quelque sorte,
l'âme des plantes. Par sa présence, elle vivifie nos vallées en
purifiant l'air, soit directement, soit indirectement. Mais, s'il
est reconnu partout, que les irrigations bien entendues pro-

curent d'immenses bénéfices à l'agriculture, il est également constant que l'abondance de l'eau appauvrit la terre, et qu'un système appliqué au hasard, peut produire des effets précisément contraires à ceux que l'on désire obtenir.

C'est, sans doute, cé qui est arrivé à quelques agriculteurs inexpérimentés, et c'est probablement parce que certains essais n'ont pas complètement réussi, qu'en France, les irrigations prennent si peu de développement et ne trouvent d'application que, de loin en loin, et timidement, dans quelques contrées spéciales.

Mais si, employée sans discernement, l'eau courante expose à de graves mécomptes, les eaux stagnantes occasionnent des pertes incalculables à l'agriculture et donnent lieu, ainsi que nous l'avons déjà dit, dans l'*Aménagement des eaux*, à des maladies qui laissent de pénibles souvenirs dans les agglomérations voisines des pays marécageux ou seulement humides, des vallées où le sol, trop peu accidenté, permet difficilement de se débarrasser de la surabondance des eaux qu'elles reçoivent de toutes parts.

J'ai dit, à cet égard, ce que je pensais des moyens que l'on peut employer pour neutraliser les effets pernicieux de la stagnation de l'eau dans les prairies; mais, à cela ne se borne pas la tâche que je me suis imposée.

Si les vallées peuvent avoir à souffrir d'un excès d'humidité, les terrains ordinaires ne sont pas à l'abri de ce fâcheux inconvénient, et, sous ce rapport, la question, pour nous, offre une importance tout aussi grande que, considérée au point de vue exclusif de la culture des prairies. Si nous devons nous préoccuper d'obtenir, du terrain de nos vallées, des produits meilleurs et plus abondants; si, au point de vue hygiénique, la question s'élargit, il n'importe pas moins, au pays, que les terres en labour, qui peuvent donner et céréales et plantes fourragères, en produisent beaucoup et de bonne qualité.

Cela admis, nous avons à examiner quelles sont les difficultés à vaincre, et quels sont les moyens de les aplanir, pour atteindre ce but. Il ne faut pas perdre de vue qu'il s'agit exclusivement d'assainissement

L'excès d'humidité d'un terrain quelconque, peut être attribué soit à l'existence de nappes d'eau souterraines, soit à la nature du sol qui retient l'eau des pluies. Dans l'un et l'autre cas, cette trop grande humidité est nuisible aux plantes, funeste à la santé de l'homme et à celle des animaux utiles. « Elle a pour effet, » dit M. de Saint-Venant, « de produire des
» décompositions à réaction acide que développent certaines
» substances délétères, solides ou gazeuses, en troublant l'é-
» conomie végétale, *en pourrissant les semences et les racines,*
» ou en les *déchaussant pendant les gelées,* en refroidissant le
» sol, ou en le rendant incultivable, au printemps, et à
» l'automne, en le tassant de manière à le faire devenir dur,
» compacte et brûlant en été. »

« La théorie et la pratique, » dit M. Payen, dans un rapport sur le drainage, au ministre de l'agriculture et du commerce, « s'accordent à reconnaître les graves inconvénients de ces
» eaux stagnantes dans le sol, qui perdent leur oxigène,
» désagrègent les radicules des plantes terrestres les plus
» usuelles, tiennent dans l'inertie les composés salins que re-
» cèlent les argiles, et excitent la végétation des plantes im-
» propres à la nourriture des hommes et des animaux. »

« L'eau, enfin, » ainsi que le disait dernièrement M. Perrot, « cet élément qui joue un rôle si important dans les phé-
» nomènes de la végétation, devient, dans certaines conditions,
» une cause de stérilité pour le sol et d'insalubrité pour le
» climat. C'est lorsque, par un séjour trop prolongé sur la
» terre, elle produit une humidité excessive ou permanente.
» Détruisant alors les semences dans leur germe, noyant la
» racine des végétaux, elle influe d'une manière désastreuse
» sur la somme et la qualité des récoltes ; elle les annihile
» quelquefois. Ce n'est pas tout. Dégageant, sous l'action des
» rayons solaires, une masse de miasmes délétères dans l'es-
» pace, elle compromet la santé, l'existence même des êtres

» animés, et se montre ainsi doublement hostile à l'agricul-
» ture. En effet, le domaine de celle-ci ne se renferme point
» exclusivement dans les limites du règne végétal. Au con-
» traire, elle n'est véritablement riche qu'en unissant à la cul-
» ture du sol, l'éducation du bétail qui donne à l'homme des
» engrais pour ses champs, des auxiliaires pour ses travaux,
» de la chair et du lait pour sa nourriture. Or, un climat insa-
» lubre provoque des affections enzootiques comme des affec-
» tions endémiques. Il tue le bétail comme il tue l'homme.
» Qu'importe à celui-ci des terres de vaste étendue, si les in-
» fluences climatériques lui ôtent le moyen de les cultiver? si
» comme dans la Dombes, dans la Sologne, le travail n'a pour
» instruments que des êtres fiévreux et étiolés? »

Une mesure qui doit avoir pour résultat d'obvier à ces graves inconvénients, ne peut être qu'extrèmement utile, ne peut être qualifiée autrement que ne le fait M. Payen qui l'appelle l'une des plus grandes inventions de l'agriculture.

Cette mesure, c'est le drainage, mot anglais, lequel, pris dans son acception la plus large, dit M. Amédée Pichot, comprend les opérations dont le but est de faciliter l'écoulement des eaux nuisibles qui pénètrent ou tendent à pénétrer le sol cultivable. Pour éviter des périphrases, on emploie le mot *drainer*, et *drain*. Le premier signifie *égoutter;* par le second, on entend la tranchée que l'on pratique pour assurer l'écoulement des eaux.

Nulle part le drainage n'a été l'objet d'une plus grande sollicitude qu'en Angleterre. Depuis plus de soixante ans, on pratique le drainage en Ecosse, et d'admirables résultats ont été obtenus; mais, c'est seulement depuis quelques années, que cette heureuse amélioration a été appliquée sur une grande échelle. L'honorable M. Le Hérisier de Gerville fit l'essai de ce système, avec fascines, en 1804, à son retour de l'émigration, dans une prairie de Tocqueville (Manche). Son opération produisit d'heureux effets. En 1838, M. Gallemand fit, aux environs de Valognes, dans des herbages, des essais de même nature, qui furent aussi très-heureux. Il a continué depuis, sans éprouver le moindre mécompte. Il emploie toujours des fascines parfaitement confectionnées, parce que la Manche n'a pas encore de fabrique de tuyaux. Mais, c'est à M. Thackeray, principalement, que nous devons les progrès faits, depuis quelques années, dans les départements voisins de Paris.

La Belgique a suivi l'exemple de l'Angleterre. La France est déjà entrée largement dans la même voie.

Nous connaissons l'intérêt que l'Empereur porte à cette merveilleuse découverte agricole. L'épigraphe et la dédicace de cet opuscule, indiquent suffisamment les tendances, à cet égard, de notre premier magistrat. Aussi, nous espérons que, dans un avenir prochain, le département de l'Oise, qui seul possède une association fortement organisée, se trouvera en mesure, avec l'aide du Gouvernement, de concourir efficacement à la solution du fameux problème de la *vie à bon marché*.

II.

CAUSES AUXQUELLES ON DOIT ATTRIBUER LA FROIDEUR DES TERRES.

La principale cause de la froideur des terres est très-certainement due, nous le répétons, soit aux nappes d'eau souterraines qui se trouvent à une certaine profondeur, soit à l'eau des pluies dont la moitié seulement, évaluée à 0,50 de hauteur environ, peut filtrer à travers un sol poreux, et qui reste en entier dans les terrains où elle est retenue, soit par l'argile trop compacte, soit par des lits de glaises d'une faible épaisseur, soit par des sables glauconieux moyens ou supérieurs (1),

(1) On appelle glauconieux les sables ayant une couleur verte plus ou moins prononcée. On les trouve dans le terrain tritonien ou tertiaire inférieur, dont tous les groupes sont représentés dans le département de l'Oise.

soit enfin par des marnes vertes qui sont toujours fort humides et presqu'entièrement improductives.

Voici ce que disait, à cet égard, M. Gallemand, le premier draineur du département de la Manche, dans le Bulletin du Comice agricole de l'arrondissement de Valognes, du troisième trimestre de 1858 : « L'humidité surabondante des terres, qui » les rend infertiles et qui ne laisse pousser que des herbes » sures, peut provenir, soit de sources existantes dans le fond » du terrain, où les eaux s'amassent en venant de loin, et de » terrains plus élevés sur un lit inférieur qui les retient, soit » de la nature compacte et imperméable du sol superficiel lui- » même ou du sous-sol voisin de la surface. »

Les crevasses qui se forment, à la surface du sol, quand viennent les chaleurs, dénotent un grand besoin de drainage. C'est un indice qui appelle toute l'attention du cultivateur désireux de ne pas voir ses travaux pénibles sans résultat.

Dans le premier cas, non seulement la température des terres qui avoisinent la nappe d'eau, se met en équilibre avec celle de l'eau, mais, par suite de la capillarité (1), les couches supérieures se trouvent chargées d'un excès d'humidité dont elles

---

Ce terrain est toujours superposé à la craie ; on le trouve à différentes hauteurs ; aussi divise-t-on l'étage glauconieux en trois parties. La partie inférieure est généralement assez meuble pour donner passage aux eaux ; mais, il n'en est pas de même des deux autres. La seconde repose sur les lignites. La troisième est assez ordinairement séparée de la seconde par un banc de coquilles. On reconnaît aussi ce sable à l'existence de points noirs.

(1) Voici la signification de ce mot, qui n'est peut-être pas connu de tous ceux qui liront cet abrégé du drainage : il exprime simplement l'effet que l'on remarque dans les parois des fossés ou des talus des routes ou des chemins, après quelques heures de pluie. L'eau ne coule, dans le fond du fossé, que sur une hauteur de quelques centimètres, et cependant les terres sont humides à 0ᵐ 40 et même à 0ᵐ 50 au-dessus du niveau de l'eau.

Cet effet, qui se produit dans l'intérieur de la terre comme dans les parois des talus, est exprimé par le mot capillarité.

M. Gossin, notre bienveillant et intelligent professeur d'agriculture, s'exprime ainsi, pour faire bien comprendre le phénomène de la capillarité : « De même que l'huile de la lampe monte à la mèche, à mesure que la » lumière la consume, de même l'humidité intérieure de la terre monte à » la surface et s'y renouvelle. »

ne se débarrassent que par évaporation. L'effet de la capillarité étant permanent, l'eau évaporée est remplacée par celle qu'elle produit, de sorte que les terres restent constamment dans un état de fraîcheur qui nuit au progrès de la végétation; et, chose bien remarquable, plus le temps est favorable pour les terres qui sont dans de bonnes conditions, plus souffrent celles dans lesquelles se trouvent des nappes d'eau souterraines. Tous les cultivateurs, qui ont pu faire des observations sur l'effet que produisent les grandes chaleurs dans certains terrains, ont dû s'apercevoir que, bien souvent, des blés qui, à la fin de l'hiver, et même pendant une partie du printemps, donnaient de fort belles espérances, perdaient de leur force et de leur vigueur, aussitôt qu'arrivaient les beaux jours. Les feuilles jaunissaient peu à peu, et vers la fin de juin, on reconnaissait qu'il n'était plus permis de compter sur une bonne récolte. Dans certains pays, on se borne à dire que les blés qui sont dans ce cas, *sont malades*; mais, on ne s'occupe pas de la cause de la maladie.

Toutes les fois que se produira ce résultat, on pourra affirmer, à coup sûr, que l'eau se trouve à peu de distance de l'humus ou terre végétale.

Dans l'autre cas, les terrains qui reçoivent annuellement de 0,55 à 0,65 de hauteur d'eau, ne peuvent s'en débarrasser non plus que par évaporation (1). Il suffit, pour se rendre compte de l'effet qui se produit, de remarquer ce qui arrive dans les grandes chaleurs pour les mares pratiquées dans la plupart de nos villages, où le niveau d'eau s'abaisse d'autant plus vite que la température est plus élevée.

Il en est de même pour l'eau que contient la terre. Elle n'est pas visible; elle peut se trouver en plus ou moins grande

(1) L'évaporation est l'effet que produit la chaleur sur les corps humides. Le linge mouillé sèche, parce que la chaleur atmosphérique absorbe, en la volatilisant, l'humidité dont il est imprégné; c'est de l'évaporation. Les terres, les toits en chaume, fument après une forte ondée, à une époque de l'année où les rayons solaires ont quelque force; c'est encore de l'évaporation.

quantité ; mais, pour s'assurer qu'il en existe un peu partout, on n'a qu'à placer un ou plusieurs fragments d'une terre quelconque, près d'un grand feu, on verra immédiatement se former des vapeurs plus ou moins épaisses qui ne disparaîtront qu'au moment où il n'y aura plus d'eau.

Si, de ces fragments exposés au feu, on a pu faire des solides plus ou moins réguliers, on y remarquera d'abord des fendillements et puis des crevasses qui indiqueront assez exactement le degré d'humidité de la terre, que l'on évaluera d'ailleurs très-aisément, en pesant, avant et après l'opération, les fragments exposés au feu.

Cet effet, facile à constater, se produit en grand, dans les terrains humides. Il ne peut exister d'incertitude sur la cause à laquelle on doit l'attribuer, et, tant qu'il dure, la température ne s'élevant que très-difficilement, la végétation n'a aucun stimulant énergique.

Si, au contraire, il n'y avait pas de nappes souterraines, si les eaux pluviales pouvaient s'écouler en entier, tous les inconvénients que nous avons signalés disparaîtraient, la chaleur atmosphérique éleverait la température du sol et favoriserait le développement des racines, et, par suite, celui de la partie extérieure des plantes.

III.

AVANTAGES ET RÉSULTATS DU DRAINAGE ; SIGNES AUXQUELS ON RECONNAIT QU'IL EST NÉCESSAIRE DE L'APPLIQUER.

On a constaté que, dans les circonstances ordinaires, la dépense totale qu'exige le drainage est couverte par l'accroissement du produit net d'une seule récolte. De nombreux faits nous permettent d'affirmer que ces résultats seront obtenus souvent, surtout si l'on emploie ensuite la charrue fouilleuse,

complément indispensable de toute opération de drainage,
dans les terres à sous-sol imperméable. Les personnes pour
lesquelles nous écrivons plus spécialement, pourront s'en assurer elles-mêmes, soit chez M. Adam, à Flambermont; soit
chez M. de Saint-Germain, au Becquet; soit à Bresles, au
Pontrouge, dans une pièce exploitée par la compagnie agricole et sucrière; soit chez M. le duc de Mouchy, à Noailles,
à l'Etang et aux Glaises; soit chez M. Herbé, à L'Huyère;
soit chez M. Michel-Walon, au bois de Cailly; soit à Chamant,
près Senlis, chez M. Lefèvre; soit, enfin, à Verneuil, chez
M. Frémy.

Dans les Glaises, on ne pouvait labourer qu'avec la plus
grande difficulté et dans les années les plus favorables, les
récoltes y étaient généralement nulles, c'est-à-dire, que les
produits n'avaient pas une valeur égale à la dépense. Le fermier nous a déclaré que, dans l'espace de trente-deux ans, il
n'a réussi complètement que deux fois dans ses labours qui,
cette année, n'ont présenté aucun obstacle.

A l'Etang, il n'y avait que de l'eau; depuis de longues années, on n'avait pu retirer aucun produit du sol. Le drainage a été terminé, au mois de juin, et, sur nos sollicitations,
M. Pelletier y a semé des betteraves qui sont devenues fort
belles.

Au Becquet, chez M. de Saint-Germain, un ravin fangeux,
au milieu duquel se trouvait un large fossé, est, aujourd'hui, un
excellent terrain cultivable.

Dans une portion d'herbage où les pommiers s'étiolaient, où
il y avait des joncs en grande quantité, on a remarqué un
changement presqu'immédiat dans la couleur des feuilles de
ces mêmes pommiers qui ont semblé recevoir une seconde
vie; les pommes y étaient plus grosses qu'ailleurs, et les
joncs ont notablement diminué.

A Flambermont, chez M. Adam, la valeur de la récolte en
blé, obtenue l'année dernière, est supérieure au prix que l'on
aurait offert de la terre, avant le drainage.

Au bois de Cailly. enfin, il y a une telle différence entre le terrain drainé et celui qui ne l'a pas encore été, que l'un de nos sous-inspecteurs, M. Lefort, maire de Puiseux-en-Bray, surpris de l'effet produit, disait, à la commission chargée par M. le Préfet, de constater les effets du drainage : « Il est évi-» dent que cette portion de terrain—la partie assainie — a été » abondamment fumée. »

Si le cadre restreint de cet ouvrage, ne nous imposait pas l'obligation de traiter brièvement toutes les questions que nous avons à examiner, nous eussions pu donner des extraits de procès-verbaux de toutes les commissions dont nous avons provoqué la nomination, afin de fournir aux cultivateurs les moyens de se rendre compte du changement radical qui s'opère dans les terrains humides et dans les terres fortes, par suite du drainage; mais, devant nous borner à des indications sommaires, principalement sur ce point, nous reprenons le sujet que nous avons plus particulièrement à traiter.

On dit, pour repousser le reproche adressé à la plupart de nos agriculteurs, que, si, en Belgique, en Ecosse et en Irlande, le drainage produit quelques résultats, il n'y a pas à s'en étonner, parce que le sol de ces différents pays est, presque partout, d'une humidité excessive ; on ajoute qu'en France, il n'en serait pas ainsi, par la raison que le terrain est généralement dans de très-bonnes conditions, sous le rapport de l'état du sol.

J'ai regretté de voir toujours apporter la même résistance à la réalisation des améliorations obtenues par nos voisins, dont nous attendons fatalement le signal pour prendre un parti. J'ai combattu cette malheureuse tendance, que je ne qualifierai pas de scepticisme, mais que j'appellerai apathie, son véritable nom. Je n'ai pas toujours réussi à convaincre.

Il est hors de doute, qu'en général nos terrains sont plus secs que le sol d'une partie des Iles Britanniques, et même de la Belgique; mais, est-ce à dire que les mesures d'assainissement sont inutiles, ou qu'elles seraient peu profitables en

France? Si on en tirait cette conséquence, on serait dans une étrange erreur.

Pour qui, comme moi, parcourt souvent la campagne, il y a conviction que plus de la moitié de nos terres souffrent, ou d'un excès d'humidité, ou de l'état d'imperméabilité dans lequel elles se trouvent.

Que l'on interroge quelques cultivateurs d'élite, et l'on apprendra d'eux, que la plupart de leurs terres offrent des indices certains au moyen desquels ils reconnaissent qu'elles renferment beaucoup d'eau ; que la culture en est difficile, par exemple, parce qu'elles sont froides ou fortes, expressions qui ont un très-grand rapport entre elles.

Si donc le drainage ne doit pas être d'une application aussi générale, qu'en Ecosse, par exemple, où cette mesure est pratiquée sur une grande échelle, les assèchements (1) et le drainage tripleront notre richesse agricole, en nous donnant tout à la fois, les moyens de sortir des ornières du passé, et d'offrir un vif stimulant à toutes les intelligences qui ne se dirigeraient plus exclusivement vers les carrières libérales ou administratives, encombrées à tel point, que bien des jeunes gens se lancent dans de folles et malheureuses entreprises, parce que toutes les portes leur sont fermées.

Nous aurions, en outre, je ne cesserai de le répéter, des moyens d'occuper un grand nombre de bras, de refouler dans les campagnes, les ouvriers qui encombrent les villes, où les exemples de démoralisation sont plus fréquents que partout ailleurs.

Ce sont là des considérations puissantes et qui doivent suffire pour déterminer tous les hommes de bien à marcher dans une voie qui conduirait certainement à de tels résultats; mais, il y a encore autre chose, puisqu'en obtenant ces succès, on augmente considérablement la richesse agricole du pays.

(1) L'assèchement est l'opération par laquelle on fait disparaître l'eau qui couvre, en tout temps, les marais ; l'assainissement, celle par laquelle on enlève aux terres l'excès d'humidité qui les rend infertiles.

Nous avons fourni, déjà, quelques indices de nature à faire reconnaître quels sont les terrains où le drainage est applicable ; mais, il y en a d'autres que l'on doit consulter, avec soin. Les plantes, par exemple, offrent un moyen certain d'apprécier la nature d'une terre quelconque.

Dans les terres en labour, la présence de l'ornithogale, de la renouée, de la cochonnette (traînasse, herbe à cochon), de la matricaire ou camomille, de la persicaire, de l'agrostis, ou épi de vent, est une preuve de l'imperméabilité du sous-sol (1).

Les renouées, les prêles, les cochonnettes, les menthes ou baume sauvage, dénotent toujours l'existence d'une nappe d'eau souterraine. Dans les prairies, les laiches de toute espèce, les scrophulaires ou bétoines d'eau, les iris-pseudo-acorus ou glayeuls des marais, les joncs, les renoncules acres ou grenouillettes, les rhinantes ou crêtes de coq, le colchique d'automne ou tue-chien, ne laissent aucun doute sur la nécessité du drainage, mais du drainage aussi profond que possible. Les racines des joncs, descendant à plus d'un mètre, si on n'abaisse pas suffisamment la nappe d'eau, qui les nourrit, ils seront peut-être moins abondants, mais, ils ne disparaîtront pas complètement.

« Les sables à sol mince et à sous-sol imperméable, » dit M. Lefour, inspecteur général de l'agriculture, « sont très-
» ingrats. Trop sèches l'été, se gonflant et déchaussant par la
» gelée, tombant en bouillie au dégel, telles sont certaines
» terres de nos contrées où le bois même n'a aucune chance
» de succès. » Ces faits que notre honorable inspecteur général, M. de Saint-Germain, a remarqués très-souvent, ne per-
mettent pas d'hésiter, un seul instant, sur le parti à prendre, dans des terrains semblables, si on veut en obtenir de bons produits.

(1) Le mot Imperméable peut n'être pas familier aux jeunes gens, aux cultivateurs, auxquels je m'adresse plus particulièrement. On l'emploie pour désigner un terrain que les eaux ne peuvent traverser que très-lentement.

J'ai eu occasion de dire, un jour, que le drainage était applicable aux deux tiers, au moins, de notre arrondissement. On a élevé des doutes sur mon assertion. Il n'entrait pas, alors, dans mes vues, de traiter cette question à fond ; je comptais publier, un jour, une note dans laquelle j'établirais mes preuves. Le moment est arrivé, et, pour ne laisser rien à désirer, j'invoquerai l'autorité d'un homme très-remarquable, parfaitement connu du monde savant. Son témoignage me suffira, parce que nul n'ignore, dans le département, surtout, que ce géologue distingué, que M. Graves, enfin, connaît notre pays mieux que qui que ce soit.

M. Graves, sans prononcer le mot drainage, a cependant exactement indiqué les causes de l'infertilité de certaines contrées.

Voici, en effet, ce que nous trouvons, dans sa savante statistique :

Canton d'Auneuil, pages 10, 14, 91. « Ce dépôt diluvien
» est généralement plus argileux que sablonneux ; entre Beau-
» mont et Villotran, il prend la consistance d'un sable gras ;
» presque partout, il empêche l'infiltration des eaux pluviales,
» rend les terres froides et nuit à la salubrité du pays.

» Les terres..... sont même très-argileuses dans les com-
» munes dont le sol est horizontal, à Villotran, La Neuville-
» Garnier, etc...... elles entretiennent longtemps l'eau, et
» dans la saison sèche, elles deviennent arides et fendil-
» lées..... En s'éloignant de la côte, on rencontre des terres
» mêlées de craie sableuse et de marne crayeuse grasse, qui
» rendent le *sol lourd et difficile à cultiver*. Vers le milieu de
» la vallée, la terre arable repose sur la glaise ; elle est un peu
» épaisse, impénétrable par l'eau, souvent inondée de manière
» à ne pouvoir y porter la charrue, avant la mi-avril.

» Les hauteurs de Saint-Paul et de Saint-Germain, sont plus
» glaiseuses que sablonneuses ; les cultures y sont aussi diffi-
» ciles pendant la sécheresse, que dans la saison humide.

» M. Léger a introduit, en 1809, dans la commune d'Ons-en-

» Bray, le système d'amélioration, suivi depuis longtemps en
» Normandie, pour convertir les terrains marécageux en
» bonnes pâtures grasses ou herbages. Ce procédé consiste à
» établir, autour de l'emplacement, un canal auquel viennent
» aboutir des fossés transversaux dont l'effet est de baisser
» fortement le niveau des eaux.... Au bout de quelques an-
» nées, l'herbage donne une récolte *décuple au moins de son*
» *produit à l'état naturel et d'une qualité infiniment supérieure.*
» Les essais de M. Léger ont d'abord été accueillis avec dé-
» fiance, mais, etc.... » Dans ce temps-là, c'était déjà comme
cela.

Canton de Formerie, pages 85, 100. « Dans les lieux faible-
» ment inclinés... les cailloux accumulés à la base et mélangés
» d'argile plus tenace, sont ramenés au jour par la charrue ;
» cette sorte de terre dite bieffeuse *est froide, humide, d'une*
» *culture plus difficile.*

» Le développement considérable des pâturages artificiels,
» est dû à la nature du sol dont certaines parties trop argileuses
» et trop froides, sur un grand nombre de points, sont plus
» favorables à la production des herbes qu'à celle des céréales. »

Canton de Grandvilliers, page 82. « Les terres labourables
» ayant pour sous-sol, le limon argileux qui recouvre partout
» la craie, empruntent, à cette base, leur élément principal ;
» elles sont généralement *grasses, tenaces et froides ;* le limon
» repose lui-même sur une argile très compacte, presque
» plastique, qui retient les eaux et rend les labours difficiles,
» parce qu'on évite d'entamer cette couche avec la charrue. »

Canton de Marseille, pages 76, 87. « Les terres labourables
» du canton de Marseille, empruntent leur nature, du dilu-
» vium argileux qui recouvre presque toujours la roche cal-
» caire ; elles sont généralement fortes et humides ; leur con-
» sistance est d'autant plus grande, que le sol est plus rappro-
» ché du plan horizontal.

» Il y a dans la vallée du Thérinet, entre Achy et Saint-
» Omer, environ vingt hectares de terrain marécageux, livrés

» à la vaine pâture ou laissés sans emploi, qui pourraient
» être mis en valeur, si l'on facilitait l'écoulement des eaux
» stagnantes, opération toujours aisée dans une vallée traver-
» sée par un cours d'eau principal. »

Canton de Nivillers, pages 12 et 89. « Au-dessous du dilu-
» vium et immédiatement sous la craie, il y a habituellement
» une espèce de marne brune, ferrugineuse, mêlée de silex
» non roulés et de sable quartzeux gras ; cette substance rem-
» plit les crevasses et les inégalités de la surface du calcaire
» crayeux : les gens du pays, la connaissent sous le nom de
» *cauchin* et prétendent que le limon qui repose dessus, est
» le meilleur pour l'usage des briquetiers. Tantôt, le diluvium
» participe des qualités et de l'aspect de l'humus, tantôt, il
» approche de la ténacité de la glaise, comme au Fay-Saint-
» Quentin, et contribue à rendre les terres *très fortes.*

» Le sol sablonneux n'existe que dans le voisinage des buttes
» qui se voient dans la région orientale et méridionale, vers
» Therdonne, Condé, Bailleu, Bresles ; c'est un indice de chan-
» gement de la constitution géognostique du sol ; mais, ce
» sable contient quelquefois des dépôts de glaise, qui rendent
» les terres très fortes. »

Canton de Noailles, page 13. « Le dépôt superficiel est mêlé
» d'argile et de sable ; mais l'argile domine.... elle forme un
» sous-sol tenace, imperméable à l'eau et qui donne au pays
» l'inconvénient des lieux aquatiques, sans qu'il en ait les
» avantages.

» Le sable est l'élément dominant, mais il est traversé de
» lits d'argile quelquefois minces, qui, néanmoins, contiennent
» un niveau d'eau donnant naissance à des sources d'eau et im-
» priment au pays un aspect constant d'humidité. »

Canton de Songeons, page 111. « Les terres du pays du Bray,
» dépourvues de fond et de liaison, sont souvent mêlées de
» moellons qui augmentent à l'excès, leur sécheresse naturelle
» pendant l'été, sans empêcher qu'elles ne deviennent extrê-
» mement fortes dans les terres humides. »

Ces indications, applicables spécialement au département de l'Oise, n'en permettront pas moins de reconnaître, dans une grande partie de la France, les terrains où le drainage doit être appliqué. L'échelle géologique de l'Oise, comme on le sait, s'étend depuis les dernières couches tertiaires du bassin parisien, jusqu'aux derniers étages de la période jurassique.

———

IV.

ÉTUDES PRÉLIMINAIRES DU TERRAIN. — EXAMEN DES CONSIDÉRATIONS QUI DOIVENT GUIDER L'AUTEUR D'UN PROJET. — DISCUSSION DE QUELQUES EFFETS CONSTATÉS PAR LES DRAINEURS, CONTESTÉS PAR QUELQUES PERSONNES.

Avant d'effectuer le drainage, il y a une étude sérieuse à faire. Il faut, d'abord, s'assurer de la nature du sol et, ensuite, des moyens de procurer un libre cours, aux eaux que l'on désire évacuer. Il serait peut-être difficile de trouver, en Europe, deux hectares de terrain de même nature : il n'est donc possible d'établir de règles fixes, ni sous le rapport de la profondeur des tranchées, ni sous le rapport des distances à ménager entre elles, ni au point de vue de la pente à racheter.

Des hommes pleins de mérite, des jeunes gens fort instruits ont émis l'opinion, quand on leur a parlé drainage, que, dans les terres très compactes, il fallait creuser les drains à peu de profondeur; ils donnaient et donnent encore pour raison de leur manière de voir, la difficulté que doivent éprouver les eaux à traverser surtout les terrains glaiseux, c'est-à-dire, les argiles grasses, onctueuses. Ceux-ci ont demandé la même chose, pour d'autres motifs: ceux-là craignaient qu'un drainage profond ne rendît la terre trop sèche; quelques-uns allaient jusqu'à dire : Nos terres sont déjà brûlantes, qu'arriverait-il si on les drainait?

Eh bien! qu'on nous permette de le dire, malgré l'autorité

de certains noms ; c'est précisément dans les terres compactes qu'il faut aller à la plus grande profondeur ; c'est principalement aux terrains brûlants qu'il faut appliquer le drainage.

M. de Vigneral, qui avait vu l'eau couler dans les drains creusés dans des glaises, à une grande profondeur, disait : « Je ne sais pas comment cela se fait ; ce que je puis affir- » mer c'est que le résultat se produit. »

Les soins que l'on apporte à l'établissement d'un batardeau, les précautions que l'on prend pour la confection des tonneaux, expliquent parfaitement la propriété de l'eau qui tend toujours à descendre, à s'échapper. Le drainage étant une opération contraire à celles qui ont pour effet d'en empêcher l'écoulement, on se rend aisément compte du résultat que doit produire cette opération, même dans les terres les plus compactes. Retenue dans la terre, par les parties d'argile très-serrées entre elles, l'eau reste forcément sans mouvement aucun. Mais si cette argile se trouve moins serrée sur un certain point, l'eau que contient le terrain adjacent, et qui n'est plus tenue en équilibre, suit nécessairement les lois de la pesanteur. L'air la remplace immédiatement pour céder la place, à son tour, aux gouttelettes de liquide, qui se forment plus ou moins lentement, suivant la nature du terrain, par suite de l'attraction moléculaire (1). Les talus qui *pleurent* le long des routes ouvertes dans des terres glaiseuses, nous donnent une idée bien nette de l'effet du drainage, dans ce cas particulier surtout. Comme l'eau ne peut être remplacée au fur et à mesure qu'elle est évacuée, l'air finit par occuper tous les vides qu'elle laisse et dans lesquels elle était contenue. La terre, dès lors, commence à *respirer*, si je puis m'exprimer ainsi, et peut profiter des influences favorables de l'atmosphère.

De proche en proche, le phénomène d'une transformation heureuse s'opère de chaque côté du drain, jusqu'au point de partage des eaux.

Voilà l'effet vertical ; mais il n'est pas le seul : un autre se produit horizontalement.

(1) Deux gouttes d'eau placées à peu de distance l'une de l'autre, se rapprochent et se réunissent ; un corps abandonné à lui-même se meut en approchant de la terre. La cause qui produit ces effets, s'appelle attraction. Quand elle n'agit qu'à une petite distance, on l'appelle attraction moléculaire.

Avant le drainage, les eaux de pluie se trouvant retenues à peu de distance de la surface, la couche arable superposée à la glaise, c'est-à-dire, placée au-dessus, passe à un état tel, après quelques jours de mauvais temps, qu'elle semble participer de la nature de la boue. Elle peut rester ainsi pendant tout l'hiver, pendant même une partie du printemps; puis, dans les beaux jours d'été, devenir brûlante, se crevasser et s'opposer à toutes les améliorations possibles. Après le drainage, les couches subordonnées à l'humus, à la terre végétale, c'est-à-dire, placées immédiatement en dessous, ne changent pas sur le champ de nature; mais, les eaux de pluie trouvant un écoulement facile dans les drains pratiqués çà et là, ne restent plus stagnantes, inertes; l'air peut arriver à la surface de la glaise, amener un délitement, des fendillements, et préparer une couche d'une épaisseur aussi mince qu'on voudra le supposer, à donner passage aux eaux de pluie. Ce résultat, obtenu sur un millimètre de profondeur, en amènera nécessairement un autre de même nature, et l'effet vertical, se combinant avec l'effet horizontal, la glaise la plus compacte deviendra un terrain assez meuble pour permettre aux racines des céréales, des plantes fourragères, de tracer plus profondément et de donner de la force aux parties extérieures.

La plupart des partisans de tranchées peu profondes, prétendent que le drainage à 1^m 30, rend la terre trop sèche. C'est une erreur; la végétation n'est brûlée qu'eu égard à ce que les racines sont superficielles, et elles ne sont superficielles que parce que la végétation est neutralisée par l'effet des eaux stagnantes qui produisent le froid. Or, comme les drains profonds enlèvent l'eau, et, par conséquent, le froid, c'est-à-dire, la cause et l'effet, les racines, pouvant pénétrer plus profondément dans les terres drainées, ne seront jamais brûlées.

Quand il existe des nappes d'eau souterraines dans le sol, le drainage a pour effet, sinon d'évacuer complètement la masse d'eau qui les compose, du moins d'en abaisser le niveau de manière à ce que la capillarité, provoquée énergiquement par l'évaporation, dès les premiers beaux jours du printemps, ne refroidisse pas la température du sol, en raison directe de l'élévation de celle de l'atmosphère. Le moyen qu'on emploie, en Espagne et dans quelques parties du midi de la France, pour rafraîchir l'eau, dans les *alcarazas*, explique l'action des grandes chaleurs sur les terrains perméables, sous lesquels existent des nappes d'eau souterraines. L'évaporation, comme on le sait, est accompagnée d'un abaissement de température, toutes les fois que le liquide sur lequel elle agit, ne reçoit pas de chaleur du dehors, par la raison qu'un liquide quelconque ne peut passer et se maintenir à l'état aériforme (1), qu'en absorbant une certaine quantité de calorique (2). Dans l'espèce, le calorique qui doit entrer en combinaison, ne pouvant être fourni pendant bien longtemps, par la terre environnante, est nécessairement tiré de la masse du liquide; par conséquent, le froid produit par l'évaporation, est d'autant plus grand que le liquide vaporisé contient moins de calorique, ou que la vapeur en absorbe davantage. Or, les nappes d'eau souterraines contenant fort peu de calorique, et les vapeurs produites par l'évaporation, dans les grandes chaleurs de l'été, se trouvant absorbées à l'instant même et au fur et à mesure qu'elles se forment, les pertes réitérées de calorique, causées par le renouvellement des vapeurs, refroidissent les eaux que renferme le sous-sol, au point, comme nous l'avons déjà dit, de causer des pertes considérables, en trompant l'espoir du cultivateur qui avait cru, pendant quelques mois, pouvoir compter sur de bonnes récoltes.

Il n'y a pas à craindre que le drainage profond rende la terre trop sèche, puisqu'elle doit avoir, pour la partie inférieure, l'humidité qui provient de l'effet capillaire, et, que, dans la partie supérieure, l'action du soleil n'offre aucun inconvénient, par la raison que, si une terre se durcit, ce résultat ne peut être attribué qu'au retrait des molécules qui la composent, retrait occasionné par l'évaporation de l'eau

(1) C'est-à-dire, en vapeurs souvent visibles et que l'on appelle *brume* ou *brouillard*.

(2) Les corps, par leur contact, nous font éprouver la sensation du *froid* et du *chaud*. La cause de cette dernière sensation est nommée calorique.

qu'elle contenait. Or, s'il ne reste qu'une petite quantité d'eau,
elle ne durcit pas d'une manière sensible ; s'il n'existe pas de
nappes d'eau souterraines dans le sol, la question se simplifie,
la terre ne peut pas durcir ; elle reste assez meuble, au contraire, pour que l'air circule librement à l'intérieur ; elle pro-
fite, par conséquent, de la chaleur atmosphérique, et quand
viennent les pluies d'été, elle ne conserve qu'autant d'humidité
que le permet l'effet capillaire combattu, dans ce cas particulier, par la gravitation ou la pesanteur de l'eau qui a pu pénétrer, sans difficulté, dans toutes les parties du sol.

Il n'y a pas de terrains complètement imperméables, surtout à la surface. Si donc, il ne tombait que peu d'eau, de
temps en temps, les terres qui, l'année dernière, n'ont donné
qu'un produit négatif, auraient pu être labourées et ensemen-
cées ; mais, il tombe annuellement assez d'eau, je le répète, pour
former une couche de 0,65 d'épaisseur sur toute la surface de
la terre, et quand un terrain n'est perméable que sur 0,15 à
0,20 de profondeur, il est certain qu'il se trouve saturé d'eau,
en hiver, sept années sur dix, et qu'il devient dur, sec et brûlant, quand arrivent les fortes chaleurs de l'été. Si le drainage
a pour effet d'augmenter la perméabilité ; si, en même temps,
l'effet de la pesanteur a pour résultat de ne laisser, à la terre,
que l'humidité d'adhérence ou capillaire, la chaleur atmosphérique pénétrera dans le sol, sans produire le retrait qui
occasionne, quand ce sol est saturé d'humidité, le durcisse-
ment des parties qui le composent.

En d'autres termes, un terrain qui se saturerait d'humidité
sur 0,25 à 0,50 d'épaisseur, dans les jours de grande pluie,
et qui ne s'en débarrasserait ensuite que par évaporation, deviendrait dur, sec et brûlant, d'autant plus promptement que
la chaleur serait plus grande ; mais, si ce terrain était perméable sur 1^m à 1^m 20 de profondeur, il n'y aurait plus à
craindre l'effet de l'évaporation ; toutes les racines des plantes
profiteraient, au contraire, des résultats d'une espèce d'irrigation naturelle, et d'autant plus rationnelle qu'elle serait réglée

par la Providence qui a mis si généreusement, sous la main de l'homme, tous les moyens d'augmenter la somme du bien-être dont il est appelé à jouir ici-bas. M. Perrot appelle cet effet, *capillarité descendante.*

Les sables ordinaires, les cendres, les terres légères ne deviennent jamais dures, en été, quelle que soit la chaleur atmosphérique, et cela, parce que ces matières sont d'une nature essentiellement perméable, quand elles sont isolées. Si, donc, l'on rend un terrain perméable, il participera de la nature des cendres, des sables, avec cette différence que, plus la couche poreuse sera épaisse, moins il y aura de sécheresse, sans qu'il puisse y avoir surabondance d'eau, par la raison que du moment où il y a, à l'état libre, un corps liquide d'un poids spécifique (1) plus grand que les matières qu'il traverse, il suit nécessairement les lois de la pesanteur. De là un double résultat bien naturel : pas de crevasses pas de mottes dures, sèches, brûlantes, parce que la terre, sur une assez grande épaisseur, ne contient jamais de surabondance d'eau ; pas d'effet nuisible aux racines des plantes, maintenues, à moins de chaleurs exceptionnelles, dans un état de moiteur qui permet la *respiration* seulement et tend à favoriser le développement des radicules, sans pouvoir jamais amener de conséquences qui ressemblent en rien, à l'excès d'humidité.

Tout le monde a pu remarquer que, à quelques exceptions près, les sols poreux sont fertiles et les sols très-compactes stériles ; mais, on ne comprend pas aussi bien que, si l'épuisement de l'eau nuisible à la végétation ou aux travaux agricoles, est l'effet immédiat du drainage, le principal avantage de cette opération, est d'ameublir, de réchauffer et d'aérer les sols compactes.

(1) Le *poids spécifique* d'un corps est le nombre qui exprime le rapport du poids d'un volume quelconque de ce corps au poids d'un volume égal d'un autre corps. On prend pour terme de comparaison, le poids d'un mètre cube d'eau, que l'on représente par 1. Si un mètre cube d'un autre corps, de pierre, par exemple, pèse le double, on l'exprimera par 2. Si un stère de bois pesait moitié moins, on l'exprimerait par la fraction 0,50.

Au point de vue de la chaleur, nous avons déjà examiné la question. Nous avons démontré que l'évaporation de l'eau produit le froid ; on sait qu'elle rafraîchit le vin ; que, dans les climats chauds, elle forme la glace ; mais, il est difficile de déterminer exactement le degré de refroidissement causé par une quantité d'eau donnée. Toutefois, il est à peu près certain que si l'évaporation d'un litre d'eau, abaisse de 10 degrés, la température de 50 kilogrammes de terre, ou, en d'autres termes, que si la pluie pénètre dans la proportion de 500 grammes pour 50 kilogrammes de terre, dans un sol compacte saturé d'eau d'attraction, et s'en dégage ensuite par l'évaporation, elle abaissera de 10 degrés la température de ce sol.

Pendant nos cinq ou six mois de temps froid, l'air descend très-rarement, à la surface du sol, à plus de 9 degrés au-dessous de zéro, dans nos contrées, et, comme on a trouvé que celle de la terre, à la profondeur des drains ordinaires, est de 9 degrés environ, on pourrait être amené à conclure que des terrains drainés seraient, dans certains cas, plus froids en hiver que des terrains non drainés ; ce serait exact ; mais, quand la température, à la surface du sol, est de 20 à 30 degrés et même à 40, on comprend aisément quel effet doit produire une pluie d'orage, sur des terres drainées à une profondeur telle que le froid de l'évaporation, n'exerce plus qu'une influence à peu près nulle. En accordant $0^m 60$ à l'attraction capillaire, il resterait encore, avec des drains de $1^m 30$ de profondeur, 0,70 de défense contre l'évaporation ; on n'aurait, dès-lors, à craindre aucun des inconvénients qui résultent de l'action combinée de l'attraction capillaire et de l'évaporation.

Si ce qui concerne l'aérage des terrains drainés, est moins facile à saisir, que ce qui a rapport à l'élévation de la température du sol, il n'en est pas moins évident, pour les personnes qui s'occupent d'agriculture et d'horticulture, que l'air frais et l'eau fraîche exercent une très-heureuse influence sur la fertilité du sol.

Il est permis de supposer, en effet, que de même que l'air

stagnant cesse de soutenir la vie de l'homme et des animaux, de même l'eau et l'air stagnants peuvent cesser de fournir les éléments nécessaires à la végétation.

Si, cette année, notre récolte laisse à désirer ; si, cette année, nous portons des millions à l'étranger pour nous procurer des subsistances; si des plaintes injustes se sont produites, malgré la sollicitude du Gouvernement ; si on a éprouvé, un moment, quelques inquiétudes au sujet des semailles, à quoi l'attribuer, si ce n'est à la surabondance des pluies qui ont empêché les blés de lever, en 1852, et, qui, cette année, ont rendu, sur certains points et dans certaines contrées, le labour si difficile ? Eh bien! dans des terres drainées avec soin, on a des récoltes excellentes et les semailles y sont possibles, presque toujours. Deux jours après les pluies les plus fortes, les dernières façons peuvent être données aux terres les plus humides, avant le drainage, et la semence n'aura à souffrir ni des nouvelles pluies qui pourraient survenir, ni des gelées sans effet sensible sur les terres assainies par l'application du système providentiel que nous cherchons à populariser.

Mais, il ne faut pas perdre de vue que cette opération, toujours efficace, quand elle est faite avec intelligence, peut bien n'avoir aucun résultat, si elle est exécutée sans précaution.

V.

EXÉCUTION DES TRAVAUX PROPREMENT DITS.

PREMIÈRE PARTIE.

Espacement des drains.

La question d'espacement des drains, a été l'objet de longues et sérieuses études. De même que pour la profondeur à donner aux tranchées, il s'est produit des opinions bien divergentes.

Toutefois, le drainage profond l'a définitivement emporté , et il ne pouvait en être autrement.

M. Adam , banquier à Boulogne-sur-Mer, homme d'une haute intelligence , qui , l'un des premiers de .son département, a compris l'importance du drainage, a fait , pour justifier sa manière de voir à ce sujet , des calculs qui nous paraissent ne rien laisser à désirer. Voici les tableaux qu'il a fournis à l'appui de son raisonnement :

Profondeur des tranchées.	Distance entre les tranchées.	Masse de sol desséché par 40 ares.	Masse de sol desséché pour 0.10c en mètres cubes	Superficie de sol desséché pour 0,10c en mètres carrés
0^m 66	8^m 60	$3,226^m500$	4^m 10	6^m 27
1^m 00	11^m 50	$4,840^m000$	8^m 93	8^m 93
1^m 20	16^m 66	$6,453^m000$	12^m 00	8^m 96

Les figures 1, 2 et 5, planche 1re, permettront d'apprécier le mérite des recherches de ce draineur dévoué. Nous dirons, pour rendre justice à qui de droit, que c'est à l'honorable M. Moll, que nous devons l'idée de cette démonstration. C'est tout simplement le résumé d'une partie de sa dernière leçon sur le drainage. Pour ne laisser aucun doute sur l'exactitude des résultats qu'il accuse, nous admettrons : 1° que les eaux que contiennent les terres à drainer, ont .besoin d'une pente de 0,05 par mètre, pour s'écouler sans difficulté ; 2° que les racines des plantes usuelles ne pénètrent, que rarement, à une profondeur de plus de 0,60. Cela posé, nous pouvons dire que, du moment où, au point de partage des eaux , c'est-à-dire, au milieu de l'espace compris entre deux drains , il se trouvera une couche de 0.60 parfaitement assainie, on aura atteint le résultat que l'on se propose d'obtenir. Il faut à l'eau retenue dans le terrain que l'on draine , une pente en rapport avec la nature plus ou moins imperméable de ce terrain. De ce que chacun sait de la nature de l'eau , on est amené à penser qu'une pente de 0,05 par mètre, sera presque toujours suffisante. Aussi, s'il ne s'agissait que d'évacuer l'eau sur une hauteur de 0,60, des drains de cette profondeur, augmentés de la pente de 0,05 par mètre, à partir du milieu de la distance entre chaque fossé, satisferaient à toutes les exigences. En admettant cette hypothèse, on devrait donner, pour 8^m d'écartement et une profondeur de 0,60 au point de partage des eaux, 0,60 plus 4 fois 3 centimètres, c'est-à-dire 0,72 ; pour 12 mètres 0,78, pour 16 mètres 0,84. Plus on aura d'espacement, moins le chiffre de la dépense sera élevé.

En effet, si dans un hectare de terrain, on espace les drains de 8 mètres, on en creusera 12 à 0,72 de profondeur, ce qui donnera un développement de $1,200^m$ courants de tranchées. En les écartant à 12 mètres, il suffirait d'en creuser huit, à 0,78 de profondeur, ce qui donnerait 800^m courants de drains ; en les plaçant à 16^m, avec une profondeur de 0,84, six seulement suffiraient, toujours au point de vue théorique, pour l'entier assainissement de cet hectare de terrain, et le développement des drains ne serait plus que de 600^m.

Mais, ici, une objection sérieuse se présente. Avec la pente que nous avons indiquée, on peut bien admettre que l'on évacuera l'eau des terres saturées d'humidité, quand il n'y aura qu'une distance de 4^m à parcourir ; mais, en considérant cette limite comme un maximum, pour ce cas spécial, on reconnaîtra que si l'espacement est plus considérable, la difficulté d'écoulement doit réellement augmenter, et que, dès-lors, il y a lieu de donner aux eaux une pente plus forte. En fixer la limite d'une manière certaine, ne serait pas chose aisée, parce que l'on ne peut guère se rendre exactement compte de l'effet plus ou moins énergique que la gravitation produit à l'intérieur de la terre. Mais, si pour une distance de 6^m, à partir du point de partage des eaux, on donne une pente de 0,06 par mètre, c'est-à-dire une profondeur de 0,96 aux drains, et pour un écartement de 8^m, une pente de 0,08 ou 1,24 de profondeur, on sera fondé à conclure que si les terres sont dans des circonstances absolument semblables, les eaux s'écouleront plus facilement qu'à une distance de 4ᵐ, avec une pente de 0,03 seulement. De là résultent des économies relativement considérables qui devront faire préférer le drainage profond au drainage superficiel.

M. de Saint-Venant, ingénieur en chef des ponts-et-chaussées, qui a traité cette question, comme les anciens élèves de l'école polytechnique peuvent traiter toutes les questions scientifiques, c'est-à-dire, avec toute l'autorité de vastes connaissances spéciales, indique une formule qui permet de calculer les distances, par les profondeurs, *et vice versa*; mais, cette formule est basée sur l'hypothèse que l'action capillaire, que nous avons expliquée plus haut, combattant la pesanteur ou la tendance naturelle de l'eau, à descendre, donne aux nappes souterraines, une inclinaison ascendante d'un dixième; or, cette hypothèse peut bien ne pas être admise, soit parce qu'elle accorde trop, soit parce qu'elle est au-dessous de la vérité. Ce qu'il y a de très certain, c'est qu'elle doit varier suivant chaque mètre carré de terrain. En l'admettant, nous arrivons à conclure que si le succès de la culture exige, comme nous l'avons posé en principe, l'assainissement d'une couche horizontale de 0,60 de hauteur, nous aurons, pour 1ᵐ 20 de profondeur, 12ᵐ d'espacement seulement, parce que l'excès de 1ᵐ 20 sur 0,60 est de 0,60, et que dix fois 0,60 donnent 6ᵐ : pour 1ᵐ 30 on aurait 14ᵐ, et pour 1ᵐ 50 on aurait 18ᵐ, c'est-à-dire, qu'au lieu d'admetre un relèvement progressif, comme nous, M. de Saint-Venant le considère comme à peu près invariable et le fixe à 0,10 de pente, par mètre. « Souvent » même, dit M. de Saint-Venant, l'angle de cette inclinaison » ascendante est plus grand et il faut creuser à une plus grande » profondeur, pour les mêmes distances ou réduire les dis- » tances, pour des profondeurs égales. »

Entre ces indications et les nôtres, il y a une différence assez sensible, bien que les bases du système soient les mêmes. En effet, nous admettons seulement un relèvement de 3 p. 0[0 dans les terrains ordinaires, et dans les cas ordinaires, *pour de petites distances*, parce que l'action capillaire, est d'autant moins énergiqne, que les drains sont plus rapprochés, quand l'attraction moléculaire, au contraire, acquiert, par cela même, plus de force. Puis, il faut le dire, dans la plupart des terrains que nous drainons, dans ceux surtout où nous creusons les tranchées, à de grandes distances, il n'existe pas, à proprement parler, de nappes d'eau souterraines. Il n'y a que les eaux de pluie à évacuer. Or, ces eaux, sollicitées par l'effet de la pesanteur, au fur et à mesure qu'elles tombent, ne forment jamais des nappes dans le sous-sol. Elles fournissent des substances alimentaires aux racines, *étanchent leur soif, remplissent pour quelques instants les pores du sol*, en chassent l'air, donnent à la terre la *moiteur* qui la rend fertile, en lui assurant une *provision* pour les besoins des plantes qu'elle doit alimenter, et le trop plein se rend tout naturellement dans les drains où l'écoulement doit être d'autant plus facile, que l'espacement des tranchées est plus grand, c'est-à-dire, qu'il faut, dans ce cas, des tuyaux d'une dimension, en rapport avec la masse d'eau à évacuer.

Quand on a porté l'inclinaison ascendante à un dixième de la distance, entre le point de partage et la tranchée, on a considéré la tranchée, comme n'existant pas encore, et cet élément indispensable pour faire une appréciation exacte, manquant, les chiffres qui indiquent les *entre-distances* des drains, sont tout naturellement restés au-dessous de notre minimum.

S'il s'agissait de terrains où se trouvent des nappes d'eau souterraines, et qui seraient, d'ailleurs, d'une certaine perméabilité à la surface, je me rangerais complètement à l'avis de M. de Saint-Venant.

Le tableau qui suit, indiquant le résultat des recherches auxquelles nous nous sommes livrés, permet de reconnaître les différences d'assainissement qui existent dans le volume des terres, suivant le plus ou moins de profondeur des drains.

Pour mettre nos lecteurs à même de vérifier nos calculs, nous croyons devoir reproduire les bases sur lesquelles ils reposent :

$$\frac{0,72+0,60}{2}$$ demi-somme des deux bases × 8ᵐ40 hauteur × 1,200ᵐ longueur.

$$\frac{0,96+0,60}{2}$$ demi-somme des deux bases × 12ᵐ40 hauteur × 800ᵐ longueur.

$$\frac{1,24+0,60}{2}$$ demi-somme des deux bases × 16ᵐ40 hauteur × 600ᵐ longueur.

Distance entre les tranchées.	Profondeur des tranchées.	Masse de sol desséché dans un hectare.
8ᵐ 00	0ᵐ 72	6,652ᵐ800
12ᵐ 00	0ᵐ 96	7,757ᵐ600
16ᵐ 00	1ᵐ 24	9,052ᵐ800

Quant aux économies, elles ne sont pas relativement moins grandes que les résultats d'assainissement.

En effet, dans un hectare de terrain, un drainage exécuté comme l'indique la figure 1, planche 1ʳᵉ, c'est-à-dire, à une profondeur de 0ᵐ 72, avec un espacement de huit mètres, pourra être évalué comme l'indiquent les calculs ci-dessous :

1200ᵐ courants de fouille à 0ᶠ 07 (minimum).... 84ᶠ 00

1200ᵐ courants de remplissage à 0ᶠ 02......... 24 00

3420 tuyaux à 21ᶠ 50 le mille.................. 73 53

Approche et placement des tuyaux et des tuileaux à 0,025..................................... 30 00

Charge et transport de ces tuyaux, à 6ᶠ le mille dans un rayon de 24ᵏ....................... 20 52

Tuileaux pour 1200ᵐ.......................... 2 00

Total......................... 234ᶠ 05

Pour une profondeur de 0ᵐ 96 et un espacement de 12 mètres, on peut établir ainsi le prix de revient :

800^m courants de fouille à 0^f 10 .... 80^f 00
800^m courants de remplissage à 0^f 025 .... 20 00
2290 tuyaux à 21^f 50 le mille 50 24
Placement des tuyaux et des tuileaux à 0,025 ... 20 00
Transport des tuyaux à 6^f le mille , dans un rayon
de 24^k 13 74
Tuileaux pour 800^m 1 53

Total ....185^f 31

Avec une profondeur de 1^m 24 et une distance de 16^m, la même opération coûterait seulement , savoir :

600^m courants de fouille , à 0^f 13 .... 78^f 00
600^m courants de remplissage , à 0^f 03 .... 18 00
1710 tuyaux à 21^f 50 le mille 36 77
Placement de tuyaux et tuileaux , à 0,025 .... 15 00
Transport des tuyaux , à 6^f le mille dans un rayon
de 24^k 10 26
Tuileaux pour 600^m 1 00

Total ....159^f 03

Une économie de 31 °/₀ entre le drainage profond et le drainage superficiel, est évidemment trop grande, pour ne pas attirer l'attention des cultivateurs sur ce point et leur faire préférer le dernier système au second, et le second au premier.

Toutefois , il ne faut pas perdre de vue que tous ces principes appliqués , d'une manière absolue , sans se préoccuper, tout particulièrement, de la nature des terrains à drainer, donneraient lieu à de fâcheux mécomptes.

Il faut adopter le système , sans hésiter ; mais, on doit en modifier l'application, suivant les circonstances dans lesquelles on peut se trouver. Si le drainage profond est toujours efficace, il y a très certainement des cas où il n'est pas indispensable : c'est quand le sous-sol est composé d'argile remaniée , empâtant des silex, appelée, dans certaines contrées, *cauchin*.

Quand on a à opérer dans des terrains de cette nature où

la fouille, à une grande profondeur, présente de sérieuses difficultés, il peut paraître suffisant de pratiquer des drains à 0.70 ou à 0,75, avec espacement de 6 à 8^m; mais, il faut compléter le drainage, par un labour profond, au moyen de la charrue fouilleuse.

C'est là l'opinion de M. Vandercolme, draineur trop peu apprécié, à qui le comice agricole de Dunkerque, dans sa séance du 20 septembre 1852, a décerné une médaille d'or de 400 fr., comme récompense de son zele et de son dévouement.

M. Achille Adam, dont nous avons déjà parlé, disait, dans son rapport du mois de juin, à la société d'agriculture de Boulogne-sur-Mer : « Partout où l'on a drainé des terres compactes, on a reconnu la nécessité de fouiller le sous-sol au moyen de la charrue à sous-sol, et l'effet de cette opération s'est fait sentir généralement, pendant cinq à six ans. »

Un terrain glaiseux, quelque compacte qu'il soit, se délitera, se fendillera assez vite, s'il ne renferme pas des fragments siliceux de différentes grosseurs qui forment, pour ainsi dire, un ciment de la plus grande tenacité. La preuve, c'est que du moment où les glaises sont *léchées* par l'air sec, elles deviennent très friables ; mais si les glaises, si les argiles sont de nature à se déliter, quand elles se trouvent exposées aux influences atmosphériques, une fois drainées, elles donnent facilement passage à l'eau de pluie, parce que si les parois des drains, sont, d'abord, les seules parties exposées à l'air, elles changent très-promptement de nature et communiquent les propriétés qu'elles acquièrent, au terrain qui les touche immédiatement. De proche en proche, l'équilibre s'établit comme conséquence de l'attraction moléculaire, et toute la bande comprise entre les drains, devient d'autant plus vite perméable, qu'elle était composée d'argile plus plastique. Mais, quand il y a des matières siliceuses plus spécialement représentées par des fragments isolés, tassés comme une maçonnerie romaine, le délitement est tellement lent que le drainage profond n'y produit pas, d'abord, plus d'effet que le drainage à 0ᵐ 70 ; et, comme, dans ce dernier cas, les travaux coûtent 50 p. % de moins, il nous semble préférable de rapprocher les tranchées et de se borner à une profondeur de 0ᵐ 70 à 0ᵐ 75. Ce que l'on peut assurer, c'est que la limite *minima*, pour les drains ordinaires, paraît devoir être généralement de 0ᵐ 70, et qu'il n'est presque jamais nécessaire d'aller audelà de 1ᵐ 50.

M. Gareau nous a fait l'honneur de nous dire que M. de Cauville a drainé à une profondeur beaucoup plus grande ; que les résultats qu'il a obtenus ne laissent, cependant, rien à désirer. La distance entre les drains, est de 100ᵐ et la profondeur de 2ᵐ 50.

Ce dernier chiffre peut paraître exagéré et pourtant il nous sera facile de le justifier. La figure n° 4, planche I, permet d'apprécier combien une augmentation de quelques centimètres, dans la profondeur, laisse de latitude, en ce qui concerne l'écartement. En effet, en creusant les drains à 1ᵐ20 de profondeur et, en admettant même une pente, en moyenne, de 0,05 par mètre, ce qui doit suffire généralement, on peut les espacer à une distance de 24ᵐ et on obtient ainsi une réduction de 200ᵐ courants sur le développement des tranchées que nécessite l'application du dernier système que nous avons exposé et qui consiste à porter l'écartement à 16ᵐ. En creusant à 1ᵐ 30, on peut porter l'écartement à 28ᵐ, et n'avoir que 350ᵐ courants de drains à ouvrir, pour l'entier assainissement d'une égale superficie de terrain. Pour peu que l'on admette, avec nous, que la pente de 0,05 est excessive, à moins qu'il ne s'agisse d'argile pure, compacte, homogène, on s'expliquera aisément l'effet du système de M. de Cauville.

Tous les points de la ligne qui part du sommet A et dont l'inclinaison, par rapport à la surface de sol, est de 0,05 par mètre, indiquent la profondeur que devrait avoir une tranchée pratiquée, à chacun de ces points. En admettant cette pente pour une distance de 50ᵐ, il faudrait aller à 3ᵐ 00 si l'on tenait à avoir seulement une couche d'une épaisseur de

0,50 parfaitement assainie ; mais, comme M. de Cauville a obtenu d'excellents résultats, en creusant des drains à 2ᵐ50 pour un espacement de 50ᵐ, il faut admettre qu'une pente moyenne de 0,05 est plus que suffisante : c'est ce que nous avons déjà dit, en parlant de la formule de M. de Saint-Venant. En réduisant la pente à 0,04, notre raisonnement aura évidemment plus de force.

On doit désirer, sans aucun doute, que l'épaisseur de la couche assainie, soit telle que les effets de l'évaporation ne se combinent qu'exceptionnellement avec la capillarité ; aussi, n'avons-nous indiqué le chiffre 0,60, que comme un point de départ, afin d'avoir un terme de comparaison. Les résultats, en admettant cette base, seraient réellement trop beaux ; ce serait une nouvelle révolution dans le drainage. Au lieu de 0,60, admettons 0,80, 1ᵐ, même. Dans la première hypothèse, une profondeur de 1ᵐ 20, avec une pente de 0 04, permettrait un espacement de 20ᵐ, lequel exigerait, pour la seconde, 1ᵐ 40. Avec notre profondeur ordinaire, c'est-à-dire 1ᵐ 30, nous pourrions adopter 30ᵐ. Mais, comme la combinaison de l'évaporation avec l'effet capillaire, ne se produit d'une manière bien sensible que dans des terrains où existent des nappes d'eau souterraines, notre démonstration, applicable spécialement aux terrains d'une autre nature, conserve toute sa force, et nous arrivons à conclure que les dépenses du drainage, peuvent être réduites de telle sorte, que nul, à l'avenir, ne pourra hésiter à recourir à ce système d'assainissement.

D'après la méthode de M. de Cauville, la largeur des drains devrait être, en gueule, de 1ᵐ, au moins, figure 5, planche Iʳ, sans pouvoir être réduite, sur 1ᵐ 50 de profondeur, de plus de 0ᵐ 15 à 0ᵐ 20. Il faudrait, d'ailleurs, laisser des à-dents qui permettraient de faire des dépôts et de reprendre, trois fois, les terres, à la pelle, ce qui nécessiterait l'emploi d'une espèce de pont-volant. Or, ces manœuvres évaluées, dans des terrains ordinaires, d'après la base établie par les hommes de l'art, coûteraient fort cher. Puis, il arriverait des cas où l'on serait forcé d'étançonner, et ce serait une sujétion qui augmenterait encore la dépense. Il y aurait, de plus, et la pose des tuyaux qui deviendrait une opération très-délicate, et le remplissage qui demanderait beaucoup de temps.

Nous dirons, enfin, que tous les terrains ne sont pas susceptibles d'être drainés à une profondeur de $2^m 50$, à cause de la trop grande mobilité du sol. Il pourrait survenir des éboulements et, alors, si, pendant une nuit pluvieuse, comme cela nous est arrivé, dans les Glaises, $1,000^m$ courants de drains creusés se remplissaient, on reconnaîtrait l'inconvénient de cette profondeur.

On ne doit pas perdre de vue, d'ailleurs, qu'il est bien rarement possible de trouver assez de pente pour ouvrir des drains dans les mêmes conditions. Aussi, tout compte fait, il faut plutôt considérer l'opération de M. de Cauville, comme une grande difficulté vaincue, que comme un exemple à suivre.

VI.

SUITE DE L'EXÉCUTION DES TRAVAUX PROPREMENT DITS.

DEUXIÈME PARTIE.

1re Section.

Opérations préliminaires.

Maintenant, il nous reste à parler de l'exécution des travaux proprement dits, des soins à prendre avant, pendant et après l'opération.

Quand la pente du terrain est assez forte, on peut, à la rigueur, se dispenser de le niveler; mais, c'est une exception. Le nivellement est toujours une excellente précaution. M. Peron, agent-voyer chef, à Senlis, qui s'occupe avec tant de zèle et de dévouement , de la propagation du drainage , nous a donné le résultat d'une opération de nivellement faite , d'après son système ; elle nous a paru ne laisser rien à désirer. Nous résumerons ici , avec plaisir , les indications qui nous ont été fournies. C'est , tout à la fois , un lever de plan , un nivellement et une étude complète de drainage. A l'aide de l'ingénieux procédé de M. Péron , tout homme intelligent pourra maintenant faire ces opérations , sans connaissances spéciales autres que celles qui sont nécessaires pour élever une perpendiculaire sur une ligne droite , et pour rapporter un nivellement

La méthode suivie par ce chef de service . exige l'emploi de deux roulettes d'une longueur égale au côté des carrés que l'on veut former , et dont les rubans soient tels que les variations de l'atmosphère n'en modifient l'état , que le moins possible ; il faut de plus , deux mires , deux niveaux , une équerre-graphomètre et cinq aides.

L'homme de l'art . chargé du projet , doit rechercher avec soin , afin de la prendre pour base d'opération . la ligne qui suit la pente la plus forte. Cette ligne une fois trouvée , il y aura à examiner quelle devra être la dimension des carrés , pour déterminer le relief du terrain . le plus exactement possible. S'il existait des accidents nombreux . mais peu sensibles , on pourrait , à la rigueur , ne pas en tenir compte. Ce que l'on doit indiquer avec soin , ce sont les différents systèmes de pente , nettement prononcés. Généralement , des carrés de 20 à 50^m . dont la hauteur est cotée avec soin , suffisent à toutes les exigences. Pour fixer les idées , admettons le chiffre 50.

La ligne magistrale sera déterminée par des jalons espacés de 50^m et piquetés , en même temps , à la même distance ; un piquet sera placé à 0^m 02 ou 0^m 03 en arrière de chaque jalon , afin de ne pas déranger la ligne.

L'opérateur surveille , deux hommes chainent , un autre porte des jalons , un panier avec des piquets de 0^m 25 de longueur et un maillet en bois , pour les chasser.

L'un des hommes qui chaînent, et qui est en avant. pique les jalons ; s'il se trom e, le chef de l'opératio f it exécuter les rectifications nécessaires. Il élève ensuite une perpendiculaire, sur la ligne magistrale, au point B, figure 6, planche Ire, et cote le nombre des jalons qu'il a fait placer et la distance qu'il y a entre le point C et la limite de la propriété.

Les papillons des jalons sont numérotés ; celui du point de départ est coté *zéro*, par la raison que le deuxième doit se trouver à une distance égale à la longueur d'un côté des carrés.

La première perpendiculaire élevée, on tire des parallèles par chaque point que déterminent les jalons, en indiquant, seulement, les points extrêmes. On trace, ensuite, chacune de ces lignes, comme on a fait pour la base d'opération, en se bornant à placer des jalons. aux sommets des angles et à leur donner un numéro d'ordre, de chaque côté de l ligne magistrale. Quand on veut aller très-vite, on peut employer trois hommes à droite et trois hommes à gauche de cette ligne. Si l'on avait une grande étendue de terrain, un plus grand nombre d'ouvriers serait nécessaire, si l'on tenait à terminer promptement l'opération. Dans ce cas, on comprend aisément qu'il faudrait deux opérateurs au lieu d'un.

Le plan du terrain se trouvant ainsi levé, sans avoir eu besoin de tenir de *carnet*, puisque les longueurs sont indiquées par les jalons, on commence le nivellement.

On s'occupe d'abord de la ligne principale, en ayant soin de placer les mires sur les têtes des petits piquets qui ont dû être enfoncés, au niveau du sol.

On nivelle ensuite les perpendiculaires, en commençant par les deux premières, au moyen de deux mires. A cet effet, on se place entre les deux lignes. Cette seconde opération comprend la première et la seconde lignes ; une deuxième comprend la troisième et la quatrième.

Si la pente du terrain était trop forte, on ne s'occuperait que d'une perpendiculaire, à la fois, à moins qu'il n'y eût deux hommes ayant les mêmes connaissances.

L'opération sur le terrain étant terminée, on rapporte la ligne principale, en donnant, *à l'ordonnée*, un chiffre assez élevé, pour qu'aucune cote des perpendiculaires qui doivent être ramenées à l'ordonnée générale, ne se trouve avec le signe — o.

Chaque nivellement se calcule d'abord, à part; puis, on ajoute à la cote du point d'intersection de chaque perpendiculaire, sur la ligne magistrale, la différence entre cette cote et celle de l'ordonnée générale. Ce même nombre s'ajoute nécessairement à chaque cote de la même perpendiculaire qui devient ainsi une annexe de la base d'opération.

Toutes les cotes étant ramenées à leur valeur relative par rapport *à l'ordonnée*, il devient extrêmement facile de diriger les drains dans la direction des plus grandes pentes, ce qui est indispensable, quand on désire ne pas laisser de nappes souterraines trop rapprochées de la surface, dans les parties hautes du terrain, où l'on pourrait bien ne pas les atteindre, si on ne suivait pas leur direction naturelle.

Une nappe d'eau peut se trouver, dans certains endroits, à 1^m 70 de la surface et s'en rapprocher au fur et à mesure qu'elle descend vers les parties basses qu'elle peut inonder, si le fond d'un drain transversal, n'est pas inférieur au lit de la veine fluide qui arrive nécessairement, au contraire, dans un drain longitudinal moins profond, par la raison que les tranchées forment un vide d'une hauteur uniforme, et parallèle à la surface du sol, ou à peu près, tandis que les nappes d'eau ont généralement une pente moins prononcée que le terrain.

Une fois le tracé effectué, on peut procéder à l'ouverture des tranchées; mais, si on tient à se rendre compte des difficultés que peut offrir l'exécution des travaux, il faut pratiquer des sondages, sur un grand nombre de points, à une profondeur de 1,10 à 1,60, suivant la pente plus ou moins prononcée du terrain. Ces sondages permettront de reconnaître exactement la nature du sol, la profondeur à laquelle se trouvent les nappes souterraines, s'il en existe, l'abondance des eaux, enfin, dont le sol est saturé.

Le temps qu'emploie un ouvrier, à terminer une de ces opérations, peut servir, d'ailleurs, à l'évaluation très-approximative de la dépense, pour peu que les trous soient creusés dans toutes les parties du terrain à drainer. On se rend compte, en même temps, des moyens d'écoulement auxquels on doit recourir. On sait immédiatement s'il faudra se procurer des petits ou des moyens tuyaux. On se trouve à même, enfin, de prendre toutes les précautions nécessaires pour exécuter convenablement le drainage.

VII.

2ᵉ Section.

Exécution des Travaux.

Nos ouvriers ont un cordeau qu'ils placent de 0.20 à 0.225, de chaque côté de la ligne d'axe. A l'aide de ce guide ils font, ce qu'ils appellent, le *cisèlement*, opération qui s'exécute à la bêche ordinaire, et qui consiste à pratiquer, de chaque côté des drains, une coupure de 0.15 à 0.20 qui permet, ensuite d'ouvrir assez facilement la première partie de la tranchée. Quelques draineurs émérites recommandent l'emploi d'une espèce de trident en fer, pour enlever les gazons des herbages et des prairies. Nous n'avons jamais fait l'essai de cet instrument ; mais, nous pensons qu'il y a des circonstances où il permettrait d'exécuter plus de travaux, que la bêche que nous employons.

Comme nous donnons toujours, à nos ouvriers, un *gabarit* en bois, dont la forme indique exactement celle que doit avoir le drain, ils ne sont jamais embarrassés sur le point de savoir de quel outil ils doivent se servir, tandis qu'il en serait autrement, la plupart du temps, s'ils n'avaient sous les yeux le modèle à suivre, à moins que l'on n'employât que des hommes d'élite, intelligents et animés du désir de bien faire, ce qui, malheureusement, est assez rare.

Le *gabarit* n'indiquant pas seulement la largeur de la tranchée, après l'enlèvement du premier fer de bêche, mais aussi la dimension que chaque drain doit avoir, à chaque point, l'ouvrier sait toujours s'il peut continuer à employer la bêche ordinaire, ou s'il doit se servir de la bêche plus petite, légèrement creuse, ayant, à sa base inférieure, une largeur égale à la base supérieure de l'outil de même forme, qu'il emploiera ensuite.

On comprend aisément que ces instruments doivent être légèrement creux; s'ils avaient une autre forme, ils ne serviraient guère qu'à remuer la terre, quand il importe beaucoup d'en enlever le plus possible, en même temps qu'on la fouille.

Dans certains terrains, dans les argiles compactes, homogènes, c'est-à-dire, de même nature, on emploie avec avantage l'instrument indiqué sous les figures 7 et 8, planche Ire, dont se servent les draineurs anglais. Pour peu que l'on ait soin de faire des coupes le long des tranchées, comme cela a eu lieu dans la partie supérieure, ce qui est extrêmement simple, on va à une très grande profondeur, sans éprouver la moindre difficulté. Pour des ouvriers très intelligents, cet instrument seul suffit toujours dans les terrains qui offrent quelque consistance. Il a quelquefois, d'ailleurs, la force nécessaire pour vaincre la résistance que présente le *bief* et même le *cauchin* (1). C'est, cependant, une lame plate en dessus, triangulaire en dessous, légèrement courbée dans le sens longitudinal et emmanchée d'une forte douille. Comme elle n'a que 0,06 à 0,07 de largeur dans le haut, et 0,05 à 0,055 dans le bas, on l'emploie trois fois

(1) On appelle *bief*, l'argile plastique ou terre à pot, remaniée, souvent mêlée d'une certaine quantité de sable; le *cauchin* est de l'argile ferrugineuse également remaniée et dans laquelle se trouvent des silex, de la craie, en plus ou moins grande quantité.

dans les parties du drain qui a 0,18 à la base supérieure et
0.12 à la base inférieure et deux fois dans le haut de la dernière ; il suffit quelquefois d'une seule dans le fond des drains.
L'écope, curette ou *warigus*, à long manche, destinée à
enlever les terres restées dans les tranchées et qui est représentée figure 22, planche Ire, sert fort peu, lorsqu'on emploie
la bêche anglaise.

Nous avons supposé, dans l'exécution des travaux que nous
venons d'exposer, une terre meuble, facile à *manier*. Mais,
il ne faut pas se faire d'illusions sur les opérations du drainage
qui offrent, en général, de très-grandes difficultés, dans le
creusement des tranchées. On rencontre, tantôt une argile
pure, empâtant des rognons de silex, comme au Becquet (commune de Saint-Paul), par exemple ; tantôt une glaise onc-
tueuse renfermant des bancs coquiliers, comme à Noailles ;
tantôt une argile siliceuse, avec mélange de fragments de meu-
lière, comme à Satory. Alors, ce n'est plus à la bêche ordinaire
ni à la bêche anglaise qu'il faut avoir recours, pour le creusement des drains : quand le fond des tranchées ne peut être
creusé ni avec l'une ni avec l'autre, il faut se servir d'une forte
pioche ou d'un hoyau, dans le premier et le dernier cas ; dans
le second, d'une bêche légère en bois de hêtre ayant la forme
d'un V, et avoir, près de soi, un vase rempli d'eau, pour y
tremper, de temps en temps, cet instrument qui, sans cette
précaution, ne ferait que déchirer la glaise, par la raison qu'il
se trouverait bientôt enduit de la même matière, de telle sorte
qu'on ne pourrait plus l'employer qu'avec la plus grande difficulté. On fait usage, avant le placement des tuyaux, de l'instrument demi-cylindrique représenté à la figure 23, planche Ire.
Cet instrument garni d'une forte plaque de fer en-dessous,
permet de donner au fond des tranchées, une forme assez régulière pour qu'il soit possible de placer les tuyaux, de manière à ce qu'ils portent partout et qu'ils ne puissent par conséquent se déranger.

Dans les terres complètement glaiseuses, il est prudent

d'employer des manchons ou du moins des demi-manchons, afin que le tassement, qui s'o·ère successivement après le remplissage des drains, ne retarde pas l'eff·t que doit produire nécessairement le drainage. Je n'ai pas dit rendre *nul*, par la raison que l'on comprend, sans peine, que les glaises les plus compactes placées sur un corps dur, rugueux, laisseront toujours passer l'eau qui arrive dans les drains, par suite de l'effet de la pesanteur.

———

VIII.

3ᵉ Section.

Précautions à prendre dans l'exécution des travaux.

Si les terres compactes présentent de grands obstacles d'exécution, les terres meubles ne sont pas, sans causer au·si de sérieux embarras, par suite des éboulements qui menacent à chaque instant.

Lorsque l'on rencontre les sables glauconieux, il faut que les drains commencés le matin, soient terminés le soir et que les tuyaux y soient placés immédiatement.

Dans ces circonstances exceptionnelles, l'emploi des demi-manchons est presque toujours indispensable; quand on ne peut s'en procurer, il faut prendre de très-grandes précautions pour couvrir les joints des tuyaux au-dessus desquels il est utile de placer une couche de paille de seigle ou d'avoine, après avoir établi en tête de chaque ligne de tuyaux, une espèce de barrage en pierres sèches, afin que le sable que charrient les eaux qui viennent des parties adjacentes au terrain que l'on draine, ne puisse engorger les drains.

Dans les terrains tourbeux, boueux, liquides, on a recours, exceptionnellement, à l'emploi de voliges d'aune, pour former l'assiette des tuyaux. Ces voliges d'une largeur de 0,05 à 0ᵐ075 se placent, soit sur des piquets, soit sur des pierres plates disposées de telle sorte qu'elles ne fléchissent pas sous le poids des tuyaux.

On nettoie avec soin, les tranchées avec un balai avant le placement des tuyaux, et si l'on n'emploie pas de manchons, il est prudent de les couvrir de cailloux, sur une hauteur de 0,10 à 0,20. Plus ces pierres sont petites, mieux vaut l'opération.

Dans certains cas, enfin, le terrain est d'une nature si molle que la pose des tuyaux offre de très-sérieuses difficultés. Les sables mouvants, la tourbe liquide, une espèce de limon de différentes matières, détrempé par les eaux stagnantes et par celles qui arrivent dans les vallées, des parties hautes, des terrains environnants, telles sont les terres que l'on rencontre quelquefois, précisément à la profondeur où doivent être placés les tuyaux. Dans ces circonstances heureusement rares, on a besoin d'ouvriers intelligents et pleins de dévouement, d'hommes qui ne soient pas obligés de se préoccuper du chiffre de leur salaire, qui ne craignent pas de salir un pantalon, une chemise. Il faut, d'ailleurs, qu'ils soient assez bien traités par celui qui les emploie; qu'ils aient, en lui, assez de confiance pour considérer, pendant le temps que durent les difficultés, l'opération à laquelle on les emploie, comme une affaire personnelle. Un seul instant de négligence, de découragement, d'inattention, et l'opération est compromise.

Pour prévenir les éboulements dans la tranchée, on en divise la longueur en autant de sections, qu'on peut obtenir de pentes égales à la profondeur à donner au drain. On commence la fouille à la limite séparative de la seconde et de la troisième section. On donne une profondeur de quelques centimètres seulement, au point de départ, et on l'augmente progressivement, de manière à arriver, à la limite de la seconde et de la première partie, à la profondeur définitive. Sur une longueur de 50, 60, 80 ou 100^m, suivant la pente du terrain, on obtient ainsi une tranchée, creusée, en moyenne, à 0,70 au plus, et pour laquelle il n'y a pas à craindre d'éboulements, pourvu que le sous-sol présente quelque consistance. On continue, dans la première partie, en allant à la profondeur détermin e; on place les tuyaux, on les recouvre de 0ᵐ 20 à 0ᵐ 25 de terre. et l'on n'a plus nulle crainte à concevoir sur l'effet des pluies qui pourraient survenir. avant le remplissage définitif. Même travail s'exécute sur la troisième partie, en remontant vers la seconde. Dans le cas où les eaux de la partie supérieure gêneraient les ouvriers. un petit barrage les forcerait de s'écouler à droite ou à gauche. Ainsi se trouve heureusement vaincue une des grandes difficultés du drainage, l'obligation imposée précédemment de creuser d'abord les collecteurs et de commencer les travaux par la partie la plus basse.

La figure 4, planche II. indique exactement la coupe d'un drain creusé par application de ce système. Elle servira à faire aisément comprendre l'explication qui précède.

On apprécie moins l'importance de ce nouveau mode d'opérer, quand on creuse des drains à une profondeur qui varie entre 0ᵐ 70 et 1ᵐ 20; mais, pour peu que l'on reconnaisse, avec nous, que la question d'espacement a fait un grand pas; qu'elle est liée intimement avec celle de la profondeur, on sera immédiatement fixé sur la nécessité de recourir à un système de nature à rendre les éboulements très-rares, pour ne pas dire impossibles.

Nous avons creusé, dans le parc de M. de Mouchy, des tranchées à 1ᵐ 90 de profondeur, dans des terres de rapport, et nous avons pu y placer des tuyaux, sans avoir d'éboulements considérables à relever, circonstance très-heureuse qui n'a été que le résultat de l'application de notre système *d'à-dents*.

On m'a dit qu'un niveau spécial était indispensable pour constater la parfaite régularité de la pente; que des pentes brisées pouvaient produire de fâcheux effets, contribuer, par exemple, à l'engorgement assez prompt des drains. J'ai écouté, avec gratitude, cet exposé d'une doctrine théorique consciencieuse; mais, je ne m'en suis pas préoccupé sérieusement, parce qu'il est de toute impossibilité que l'on donne, partout et toujours, au fond du drain, une régularité mathématique. Ce n'est, très-certainement, qu'une rare exception.

J'ai fait beaucoup drainer, j'ai vu beaucoup drainer, et, je l'avoue, je n'ai vu nulle part des draineurs plus soigneux que les nôtres. J'ai vu le contre-maître Bricoux, l'homme de confiance de M. Leclerc, ingénieur chargé de la direction des travaux d'assainissement, en Belgique. Cet ouvrier a une telle réputation que M. Decromb cq l'a prié de lui envoyer un de ses fils, à Lens, pour diriger une opération de drainage, que cet agronome distingué voulait faire exécuter. Eh bien! Bricoux m'a conduit sur ses *beaux travaux*, et je n'y ai reconnu ni la précaution, ni le soin que l'on nous recommande tant. Un inspecteur général de l'agriculture, M. Lefour, m'a dit lui-même, qu'en Angleterre on exécutait mal les travaux ; d'autres personnes me l'ont répété, en me déclarant que tout leur paraissait du luxe, chez nous, tuyaux et travaux. Cependant, nous n'employons de nivelettes que dans des cas extrêmement *rares*, de niveaux de drainage spéciaux, jamais.

La nécessité de diviser nos drains en sections, est l'obstacle le plus sérieux au nivellement *régulier, absolu du fond*. Que si on considérait mon système comme un innovation sans importance, je répondrais que les éboulements dans un drain d'une certaine longueur, creusé dans la plupart des terrains, ne permettraient pas l'emploi d'un niveau de fond, une fois sur dix.

IX.

Pose des tuyaux.

La pose des tuyaux ne présente pas de difficultés, et cependant, deux hommes sur cent, seulement, sont aptes à ce genre de travail.

Avant de poser, le contre-maître doit tasser le fond des drains ou confier ce soin à un autre lui-même. Il donne, en même temps, des ordres pour qu'un jeune homme, dont la présence, dans un atelier est toujours nécessaire, range le long des drains, des tuyaux, et suivant le cas, ou des manchons, ou des demi-manchons, ou des éclats de tuiles ou de pierres. Un quatrième ouvrier suit, par derrière, avec la pince figure 12, planche Ire, pour placer ou les pierres, ou les manchons, ou les demi-manchons, ou les éclats de tuiles, à la jonction des tuyaux ; un cinquième jette, avec précaution, quelques pelletées de terre, sur les recouvrements, afin de les *assurer* ; un sixième complète le remblai de la tranchée, sur une hauteur de 0.25 à 0,30, et un septième tasse les terres, soit avec un pilon, soit avec un cylindre concave en dessous.

Ces opérations se font, en même temps, si l'on a un nombre suffisant d'hommes intelligents. Le premier tasse, le jeune homme dispose les tuyaux, en restant toujours à quelque distance du *poseur,* afin de pouvoir donner à ce dernier, les instruments dont il se trouverait avoir besoin, pour *assurer* les tuyaux, et les placer suivant une direction et une pente aussi régulières que possibles. Le reste de l'opération s'exécute, comme je l'ai indiqué au paragraphe précédent. Quand on n'a pas assez d'ouvriers pour agir avec cet ensemble si désirable, on fait ce que l'on peut, *le mieux que l'on peut,* en suivant la marche que j'ai tracée.

Les tuyaux doivent être à-peu-près juxta-posés. Les rugosités des extrémités suffisent pour former les vides nécessaires à *la prise* des eaux, par distance de trente-quatre à trente-quatre centimètres et demi, longueur des tuyaux que nous fabriquons.

Les instruments que nous employons indifféremment pour la pose des tuyaux, figures 10 et 11, planche Ire, permettent d'en placer de toute grandeur ; le fort collet de celui que représente la figure 10, disposé exprès, sert plus spécialement, pour les manchons que l'on pose en même temps que les tuyaux. Chaque tuyau de la rangée disposée le long des drains est revêtu de son manchon, et le contre-maître pose, chaque fois, un tuyau et un manchon, en introduisant l'extrémité du tuyau, restée libre, dans le manchon qui recouvre le tuyau précédent, de manière à ce que le point de jonction se trouve précisément au milieu de chaque manchon, figures 1, 2 et 3, planche II.

On a paru se préoccuper de la question de savoir s'il valait mieux remplir avec les terres provenant du fond, qu'avec celles provenant de la partie haute des parois. Quelques draineurs ont même pris la précaution de faire choisir la terre la plus argileuse, pour former la première couche des remblais. Nous dirons, à cet égard, que, sauf le cas, que nous indiquons à la page 53, il n'y a aucun motif sérieux de faire une distinction entre l'argile ordinaire et l'argile plastique entre l'humus et toute autre terre que l'on peut rencontrer.

Toutefois, je me garderai toujours, avec soin, de faire tasser fortement l'argile plastique quand je ne pourrai employer d'autre terre, au remplissage du fond de la tranchée. Ma raison, la voici :

L'argile plastique, tirant son nom de sa nature pâteuse, il est très-évident que si elle est très-fortement pressée, elle prendra assez exactement la forme de la tranchée. Elle pourra donc, pénétrer sur les côtés des tuyaux, *les envelopper*, pour ainsi dire, et par cela même empêcher les eaux, pendant quelque temps, d'arriver librement dans les tuyaux. Il est même permis d'assurer que l'eau restera stagnante sur certains points, jusqu'au moment où l'air aura pu agir assez énergiquement pour opérer la décomposition de l'argile.

Il n'en sera jamais ainsi des terres ordinaires, et nos ouvriers l'ont si bien senti, que je ne parviendrais pas, malgré la confiance qu'ils me montrent, à obtenir d'eux, qu'en mon absence, le remplissage du fond se fît avec de l'argile plastique, comme nous en trouvons souvent.

Un bon ouvrier peut poser cinq cents tuyaux, dans une heure.

X.

MOYENS DE RÉDUIRE LA DÉPENSE D'EXÉCUTION.

Dans les terrains où cela est possible, c'est-à-dire, quand le sol n'est pas trop humide, au moment où l'on commence les travaux, pour que les chevaux ne puissent y marcher attelés, il y a un très-grand avantage, au point de vue de la dépense et sous le rapport de la prompte exécution des travaux, à ouvrir les tranchées à la charrue.

Avec une charrue ordinaire, on trace d'abord, suivant les lignes jalonnées à l'avance, des sillons qui déterminent exactement la direction des tranchées, puis, avec la charrue à double-versoir fixe, fig. 5, 6 et 7, pl. II, que nous avons fait construire pour cet usage, on les ouvre à une aussi grande largeur qu'on le désire et à une profondeur de 0,30 à 0,35. Plus la force de traction est grande, plus grande est la profondeur. On comprend aisément que la nature du sol influe beaucoup sur cette dimension. Si la profondeur des drains doit être de 1^m 75, *notre maximum*, on ne peut donner moins de 0,65, à l'ouverture des tranchées ; si l'on veut se contenter de 1,20, 0,45 suffiront ; de 1,20 à 0,70, on n'a besoin que de 0,55 à 0,45. Ce qu'il faut obtenir, c'est qu'un homme d'une grosseur ordinaire, puisse travailler au creusement du drain, sans être gêné. Une fois, les fossés ouverts à la largeur que l'on juge nécessaire, on vide le sillon, en rejetant les terres à 0,15 au moins du bord des drains, afin de ne pas occasionner d'éboulements, par une charge trop rapprochée de la tranchée. On se sert, ensuite, d'une fouilleuse comme celles que fait confectionner avec tant de soin, M. Bazin, du Mesnil-St-Firmin, figures 8 et 9, planche II, et qui ont une force telle que pour peu que l'on ait soin de relever le point d'attache, comme nous l'avons fait, afin d'empêcher la volée de traîner sur les terres provenant du creusement des drains, on peut aller à 0,60 de profondeur, au moins, dans les terrains d'une consistance ordinaire. Après l'enlèvement des terres meubles, les ouvriers draineurs n'ont plus à creuser, avec les instruments qui sont indiqués aux figures 7, 14, 15, 16, 17 et 18, planche Ire, qu'à une profondeur de 0,70 à 1,15, pour atteindre notre maximum de 1,75.

On remarquera que, plus on relève le point d'attache, plus on se rapproche de la direction naturelle de la traction, ce qui permet d'obtenir plus d'effet, avec la même force, ou de réduire la force, pour obtenir le même effet.

Dans une journée, une charrue attelée de six chevaux, peut creuser 5,000^m courants de tranchées à 0^{m}65 de profondeur, et, comme dans les cas ordinaires, un espacement de 15^m suffit, cette longueur représente près de sept hectares. En évaluant la journée de six chevaux, celle de l'homme qui les conduit et de celui qui tient la charrue, à 30 fr., ce sera une dépense de 4 fr. 50 par hectare ; si on y ajoute 0 fr. 025 pour relever une partie des terres et pour donner une forme régulière à la tranchée, nous aurons à payer, en sus de la somme de 4 fr. 50, ci . . . . 4^f 50^c

ce que coûtera ce travail, ci 16 50

En comptant ensuite 0,06 pour terminer les drains, ce qui donne, ci 45 00

Nous aurons pour dépense totale 66 00

En y ajoutant : 1° la valeur de 2,200 tuyaux que je porterai à 70 fr., tout compris, ci 70 00

2° La pose et le remplissage d'après les moyens ordinaires, ci 22 50

3° La valeur des tuileaux, ci 5 00

Nous trouverons une dépense totale de 161 50

Et avec dix hommes laborieux, bien conduits, on drainera *quinze hectares, dans trente jours.*

XI.

Remplissage des drains.

On a dit qu'il fallait, autant que possible, placer, d'un côté, les terres de la couche supérieure, et, de l'autre, les terres provenant des parties inférieures des drains. On s'est beaucoup préoccupé de cette question, et, à mon avis, on a eu tort. En effet, je poserai, en principe, que la terre de la plus mauvaise qualité deviendra bonne, du moment où elle sera exposée aux influences atmosphériques, où elle sera fumée et cultivée avec soin; mais, ma théorie, bouleversant complètement les idées que se font, à cet égard, les cultivateurs les plus respectables, pourra paraître hasardée; je vais indiquer les bases sur lesquelles elle repose.

On creuse généralement les drains de 10^m à 20^m de distance, et les tranchées ont, en gueule, 0,50, en moyenne. Eh bien! je le demande, quelle influence peut exercer l'existence d'une couche de terre de qualité inférieure dans la 50e partie de la superficie d'une pièce de terre où il ne devra plus rester d'eaux stagnantes, cause principale toujours, seule cause, la plupart du temps, de l'infertilité du sol? Nul ne pourra dire qu'il y ait des craintes sérieuses à concevoir, sous ce rapport, quand même on admettrait que le changement de nature du terrain, ne dût se faire, qu'après un délai de deux ou trois années, par la raison que, ce laps de temps passé, le sol, devenu bon partout, sera meilleur dans l'emplacement des drains que sur les autres points de la pièce drainée, si la culture a été faite avec soin. *Avec de l'eau et du soleil,* dit le cultivateur intelligent, *je rendrai une pierre fertile.* Or, comme les terres remuées auront de l'eau et du soleil, autant et plus que les autres, il en est maintenant, de cette question, comme de la quadrature du cercle, en géométrie.

Je dirai plus, c'est que toutes les fois que la partie de sous-sol qui avoisine l'humus, est composée soit d'argile compacte, soit d'argile se rapprochant de la nature des glaises, il y aura avantage à mêler à cette terre, les parties siliceuses que l'on rencontre souvent à une certaine profondeur. Mon assertion ne sera contestée par aucune des personnes qui s'occupent sérieusement d'agriculture.

On peut très-bien, d'ailleurs, ne pas s'astreindre à jeter toutes les bonnes terres du même côté, sans pour cela, encourir le reproche de vouloir innover en tout. En effet, en jetant les terres de la couche végétale, de chaque côté, en parties à peu près égales, on les retrouverait, en remplissant, pour la partie supérieure du drain, et on ne se serait pas montré méthodiste, pour atteindre ce but. Dans quelques circonstances, on trouve, au fond des drains, à 1^m ou 1^m10 du sol, des argiles effervescentes ou marneuses qui, épandues sur le sol, peuvent produire l'effet d'un marnage à petite dose. Il est bien évident que dans ce cas, il y a avantage à ne pas rejeter au fond de la tranchée, les terres qui en proviennent.

On reconnaît aisément l'existence de ces marnes, soit à la couleur, soit au peu de liaison des parties du terrain entre elles. Dans le doute, on peut en prendre des fragments, les faire fortement sécher et les éprouver au moyen de l'acide carbonique. Si elles font effervescence, c'est qu'elles sont marneuses.

Le remplissage s'effectue au moyen d'une houe à dents, fig. 25, pl. Ire, très-facilement et très-promptement, pourvu que l'on attende que les terres soient délitées désagrégées et ameublies. Un homme habitué à ces sortes de travaux, peut, dans de telles conditions, remplir 200^m courants dans une journée. J'ai fait, sur la propriété de M. le duc de Mouchy, à Noailles, il y a fort peu de temps, une expérience qui ne permet aucun doute à cet égard.

J'avais un atelier de vingt-un hommes que j'ai surveillés et dirigés moi-même. En huit heures de travail, ils ont rempli

5,194^m courants de ranchées. Il m'est donc démontré, jusqu'à la plus complète évidence, que, dans une opération de drainage bien conduite, trois hommes rempliront sans peine, dans les derniers jours de février, mais plutôt encore dans le courant de mars, 600^m courants de drains, dans une journée, en admettant même une profondeur de 1^m 20 à 1^m 25.

Il est bien entendu que pour des profondeurs de 0^m 90 à 1^m 00, on ferait beaucoup plus ; et beaucoup moins, si les tranchées étaient creusées à 1^m 60.

Il n'y a pas à tenir compte de la nature de la terre ; la plus compacte doit devenir aussi meuble que la plus légère. Ce qu'il y a à faire, c'est d'attendre le moment opportun. Or, ce moment dépend presque toujours de l'époque à laquelle les travaux ont été commencés. Il faut donc savoir la choisir. Eh bien ! les expériences que j'ai faites, m'ont amené à poser ce principe : *Quand les terres à drainer sont très-compactes, il faut commencer l'opération en automne, la continuer pendant l'hiver, et ne remplir définitivement les tranchées que la veille du jour où les labours du printemps doivent commencer.*

Si on remplissait au fur et à mesure, si on rejetait dans les drains, les terres saturées d'eau, on s'exposerait à de *très-graves inconvénients*, en ce sens que les tuyaux pourraient se trouver engorgés par l'espèce de *boue* liquide que forme l'argile fortement détrempée, et, qu'en outre, les terres de remblai pourraient durcir et former, avec les parties inférieures des parois, un tout assez compacte pour retarder l'effet du drainage et quelquefois même pour le rendre moins complet.

La précipitation en tout est une fort mauvaise chose, mais, principalement, en fait de drainage. On ne le comprend pas assez, malheureusement ; on n'attache pas assez d'importance à cette opération qui doit avoir une si longue durée et qui doit produire de si heureux résultats. On se presse, on cherche à faire une économie de 15 fr., de 20 fr. ou de 30 fr. par hectare, sans réfléchir que, la plupart du temps, c'est précisément ce désir de faire cette économie, qui compromet les effets d'une opération qui aurait pu rapporter 25 p. 0⟨0 des dépenses.

J'ai vu des travaux exécutés par des propriétaires eux-mêmes et qui, à la vérité, coûtaient peu : mais, ils valaient encore moins qu'ils n'avaient coûté. On me disait tout naïvement : *C'est chose fort singulière ; mes tuyaux ne donnent jamais d'eau et ma terre est toujours humide ; l'eau reste à la surface ;* et on ajoutait : *Le drainage n'est donc pas toujours efficace ?*

Evidemment, non, le drainage n'est pas toujours efficace ; car il est souvent mal fait ; mais, revenons au remplissage.

Cette opération, avons-nous dit, s'exécuterait aisément en temps opportun ; elle présenterait, au contraire, de grandes difficultés, si l'on s'en occupait sans attendre le délitement des terres ; mais, ce n'est pas exclusivement à ce point qu'il importe de laisser, pendant le plus long temps possible, les drains remplis comme nous l'avons déjà indiqué, sur 0,25 a 0,30 de hauteur, seulement. Si les terres enlevées des tranchées se délitent, se désagrègent et s'ameublissent, en restant exposées à l'action des influences atmosphériques, pendant longtemps, les parois des tranchées subissent très-promptement le même changement. Les pores se vident, c'est-à-dire que l'eau disparaît, sur une assez grande étendue ; l'air qui la remplace, produit les effets que nous avons signalés, en disposant de proche en proche le terrain le plus compacte, le *plus rebelle*, à profiter successivement de l'influence de l'eau et de l'air qui circuleront en tous sens, en donnant une nouvelle vie au sol.

Mais, le remplissage pourrait présenter des difficultés, au point de vue de la durée de l'opération, si on ne s'en occupait que longtemps après l'exécution des travaux, par la raison que l'on n'aurait peut-être plus assez d'ouvriers, sous la main. Aussi avons-nous cherché et avons-nous été assez heureux, pour trouver un moyen d'effectuer cette opération très-vite et à bon marché. Ce moyen consiste dans l'emploi de la herse dite *ancre à remplir*, fig. 10, 11 et 12, pl. II, armée à l'avant, et de chaque eôté, de quatre dents d'extirpateur ; elle divise d'abord les terres que les dents placées sur deux rangs, à l'arrière, rejettent dans les drains. Les roues de l'avant sont à pivot ; elles permettent de tourner en tous sens ; celles de l'arrière sont à crémaillère ; elles se relèvent à volonté. Les crémaillères servent donc de régulateurs pour *l'entrure*. Un autre régulateur, composé d'un cadre mobile, en fer, fixé au montant d'assemblage, se levant et s'abaissant à volonté au moyen de deux engrenages, sert à maintenir la herse dans la direction de la force de traction

L'essieu d'avant est coudé de manière à ne pas traîner sur les terres destinées au remplissage. Quand, eu égard à la profondeur que l'on a dû donner aux tranchées, la hauteur de ces terres ne permet pas à l'essieu de passer sans *traîner*, on les écrète et elles servent à recouvrir les tuyaux, sur une hauteur de 0.20 à 0.25. Pour assurer le succès des travaux, on pilonne ensuite le remblai avec force et avec précaution, afin de prévenir les engorgements qui résulteraient de l'effet des grandes pluies qui pourraient survenir, avant le remplissage complet de la tranchée.

Si, après l'exécution des travaux, à une époque plus ou moins éloignée de l'achèvement complet de l'opération, on voyait couler l'eau *trouble*, il faudrait profiter d'un jour de beau temps et, le plan à la main parcourir le terrain, dans le sens des drains, afin de s'assurer s'il n'existerait pas de parties *mouillantes* et des affaissements trop marqués.

Dans l'un et l'autre cas, on sonderait pour reconnaître la cause de l'effet que l'on aurait constaté, et l'on réparerait, sans difficulté, l'accident survenu.

XII.

Existence du protoxyde de fer, du carbonate calcaire.

Quand on a à drainer des terrains où se trouve de l'eau contenant du protoxyde de fer en dissolution, il est prudent de ne pas s'occuper de cette opération, en été. La raison en est que, dans cette saison, les eaux sont moins abondantes qu'en hiver et que la quantité de protoxyde de fer, est à peu près la même, parce que, dans les terres où existent des matières ferrugineuses, et où les eaux sont restées stagnantes pendant de longues années, il y a une grande quantité de protoxyde qui se change en péroxyde, d'autant plus vite que l'air arrive plus facilement dans les tuyaux. Si l'abondance du protoxyde est à peu près la même en hiver qu'en été, on comprendra sans peine que les eaux plus hautes occupant une grande partie du vide des tuyaux, l'air y pénètre moins aisément et que le protoxyde reste ainsi plus longtemps, à son état naturel. Après un certain laps de temps, cette matière devient moins abondante, et quand arrivent les beaux jours, l'écoulement de l'eau étant à peu près assuré, l'engorgement des drains est moins à craindre, si, surtout, la direction des tranchées se rapproche le plus possible de la ligne droite, et si la pente est assez prononcée. Il en est à peu près de même du carbonate calcaire qui forme des concrétions d'autant plus promptement, que l'air pénètre plus facilement dans les tuyaux et que la pente du terrain est moins forte. Il est donc à peu près indispensable, dans certains terrains, de profiter de la mauvaise saison pour drainer.

C'est une ressource précieuse pour occuper les ouvriers, dans un moment où les travaux ordinaires manquent à peu près complètement ; et c'est aussi le moyen de seconder les vues sages de la Providence dont les desseins sont si admirables.

XIII.

Engorgements des tuyaux.

On a parlé beaucoup de queues de renard, de racines d'arbres et de plantes ; on a même affirmé que des drains s'étaient trouvés complètement obstrués par des racines de colza, qui avaient pénétré à 1ᵐ 50 de profondeur.

Je ne dirai pas que des racines ne puissent obstruer, à la longue, quelques mètres de tuyaux ; mais, ce ne seront ni des racines de colza, plante annuelle, qui pourrissent et se décomposent immédiatement après la récolte : ce ne seront pas non plus, quoiqu'on l'ait formellement déclaré, les racines de luzerne qui tracent, il est vrai, à une grande profondeur, mais qui, mourant au contact de l'eau, ne pourraient se développer dans les tuyaux, toujours destinés à évacuer au moins la surabondance des eaux de pluie, quand il n'existe pas de nappes d'eau souterraines dans le sol. Or, comme il pleut souvent, surtout en hiver, les racines de luzerne vivraient d'autant moins longtemps dans les drains, que l'humidité en attaquerait la partie extrême, c'est-à-dire, la partie la plus délicate, celle qui absorbe, pour donner au cœur de la plante, les sucs nourriciers nécessaires à son alimentation.

Les racines d'arbres, qui peuvent nuire sérieusement à quelques parties de drain, sont principalement celles du frêne, de l'orme, du peuplier, et, en première ligne, de l'accacia ; mais, il ne paraît pas possible que l'effet que pourrait produire une de ces racines, fût de nature à rendre le drainage inefficace.

J'admettrai, sans conteste, qu'il puisse y avoir engorgement complet sur un point, et même sur une certaine étendue : mais on me concédera que les eaux arrêtées, pour un instant, dans le tuyau obstrué, trouveraient bientôt leur écoulement de chaque côté et en dessus. Si on niait cet effet, on nierait, en même temps, et, par cela même, les résultats du drainage, parce que, du moment où l'on poserait, en fait, que des *eaux retenues à cinq ou six mètres des drains*, ne parviendraient pas à s'écouler à travers un terrain qui toucherait immédiatement à un autre terrain traversé par un drain non obstrué, on ne serait pas fondé à admettre que, dans les grandes pluies, les eaux tombées à une distance égale des drains, pussent être évacuées au moyen de ces mêmes drains.

Une terre drainée devient bientôt poreuse ; quand cet effet est produit, l'eau circule partout sans difficulté. Advienne un obstacle sur un point, il y aura évidemment retard dans l'écoulement ; mais, ce retard ne pourra être sensiblement nuisible aux plantes, quand même cela arriverait de 100^m en 100^m, dans tous les drains, à la fois, ce qui n'est pas admissible.

Que les draineurs se rassurent donc et qu'ils marchent hardiment dans la voie que nous leur indiquons.

XIV.

EXAMEN DES DIFFÉRENTS SYSTÈMES DE DRAINAGE.

Entre le drainage, à ciel ouvert, et l'opération que nous pratiquons de nos jours, il y a une infinité de systèmes qui produisent plus ou moins de résultats, mais, qui prouvent d'autant plus la nécessité de drainer, qu'ils sont plus nombreux.

Columelle, auteur agricole romain qui vivait sous le règne d'Auguste ; Palladius qui est venu longtemps après ; notre célèbre Olivier de Serres et le capitaine Walther Blight qui donnait des conseils, au point de vue de l'assainissement des terres, au protecteur Cromwell, ont parlé de tranchées ouvertes et de drains remplis, dans le fond, de *gravier,* de fascines et de terre, dans la partie supérieure.

Plus tard, on a construit, à grands frais, de véritables conduites d'eau qui ne pouvaient produire, que pour un temps, l'effet qu'on en attendait.

De tous les systèmes, *deux seuls*, nous paraissent pouvoir être appliqués, à défaut de tuyaux. J'appellerai le premier *fascinage*, le second *empierrement*. J'accorderai la préférence, à l'emploi du gravier et du silex concassé en fragments de la grosseur d'un œuf de poule ; mais, dans l'un et l'autre cas, il faudrait que ces matières fussent purgées, avec le plus grand soin, de toute espèce de terre ; qu'elles fussent placées avec précaution dans les drains creusés en talus de manière à prévenir les éboulements quelque faibles qu'ils pussent être; que la tranchée d'une profondeur de 1ᵐ 30, s'il était possible, en fût remplie, sur une bande de 0,25, en moyenne, et que la terre, placée au-dessus, avec précaution, sur une hauteur égale, fût pilonnée avec force, sans secousses, afin de prévenir les mouvements que nous avons signalés, c'est-à-dire, l'engorgement des drains, par suite des pluies qui pourraient survenir avant le complet achèvement des travaux.

Si l'emploi de fragments de calcaire grossier compacte offre moins de garantie de durée, il ne doit pas être proscrit d'une manière absolue, comme celui de la craie qui abonde dans nos contrées.

Les eaux qui contiennent du gaz acide carbonique, se saturent de carbonate de chaux, en traversant les terrains calcarifères. Si elles sont gênées, dans leur parcours, elles déposeront, et le carbonate déposé se solidifiera d'autant plus promptement qu'il se trouvera plus tôt en contact avec une assez grande quantité d'air. Eh bien! si l'on emploie des fragments de craie, dans les tranchées, il faut en employer beaucoup, si l'on tient à ce qu'il reste des vides, pour l'écoulement des eaux. S'il existe des vides, l'air circulera facilement dans les drains, et, comme l'eau qui aura trouvé partout du carbonate de chaux, s'en sera saturée complètement, en peu de temps, pour déposer, sur certains points, au fur et à mesure qu'elle perdra de sa vitesse normale, il se produira très-certainement des concrétions de même nature que les stalactites et les stalagmites. Ce dépôt augmentera de volume insensiblement, de manière à occasionner, un peu plus tôt ou un peu plus tard, l'engorgement complet des drains, tantôt sur un point, tantôt sur un autre.

Si notre craie, appelée improprement marne, n'est pas toujours du carbonate pur, ce carbonate en est du moins l'élément principal. Elle a d'autant plus d'affinité pour l'eau, qu'elle contient plus d'alumine; mais, elle est toujours quelque peu poreuse. Nous avons pris, à la butte Saint-Jean, près Beauvais, deux fragments pesant, à la sortie de la carrière, l'un 0ᵏ 750, l'autre 0ᵏ 740. Nous les avons mis en pleine eau; ils y sont restés deux jours. Après l'immersion, la différence du poids était, pour le premier, de 0ᵏ 195, et de 0ᵏ 175 pour le second, c'est-à-dire, de : 0 p. %, en chiffres ronds.

On comprend, dès-lors, qu'il se trouve bientôt une assez grande quantité de carbonate dissous, et, que si les eaux viennent à déposer, il y aura assez promptement des engorgements partiels.

L'espèce de poudre blanche qui couvre les parties vertes des accotements des routes, auprès des rampes, dans les terrains crayeux, marneux ou mieux calcarifères, est du carbonate de chaux qui a été dissous et qui est resté adhérent à l'herbe, après l'écoulement ou après l'évaporation de l'eau. On peut observer cet effet, plus en grand, dans les fossés des routes.

Le fascinage bien exécuté offre d'assez grandes garanties de durée et de solidité. M. Gallemand, dont je ne puis cesser de parler, puisque c'est à lui que je dois une partie de ce que je sais, en fait de drainage; M. Gallemand, dis-je, draine depuis 16 ans, avec des fascines, et il s'en trouve bien.

Voici ce qu'il m'écrivait en 1851 :

« J'ai mis des fascines au fond de mes drains, et je me suis
» contenté de la profondeur de 0,70 à 0,80, fig. 13, pl. Iʳᵉ.

» L'essentiel est de faire les drains les plus étroits possibles.
» Je tâche de ne leur donner au fond que 4 à 5 centimètres
» de largeur. L'eau réunie en un seul filet, y coule avec plus
» de force que si elle se répandait en nappe dans une largeur
» plus grande.

» La fascine se fait avec des menus branchages de n'importe
» quel bois; quand elle est détruite, la terre se trouve prise
» en voûte, au-dessus (1); c'est encore là un avantage capital
» de faire la coupure fort étroite.

(1) C'est en vain que j'ai recommandé cette précaution à mes meilleurs amis. Aucun d'eux n'a compris l'importance de cette disposition toute particulière des drains. Quelques personnes se sont bornées à faire ouvrir des rigoles de 0,20 à 0,25 de largeur et de 0,58 à 0,60 de profondeur seulement, et ont placé, au fond, de petites bourrées fort mal liées.

» La grosseur de la fascine doit être telle qu'elle n'entre
» que de force dans cette petite tranchée. Avant de remplir
» l'ouverture du dessus, on met sur la fascine une petite
» couche de paille, des joncs ou des genets destinés à empê-
» cher la terre fine d'engorger le creux. »

M. Gallemand a continué ses travaux d'assainissement, sans
changer de système ; seulement, il creuse ses drains à une plus
grande profondeur. La lettre suivante, qu'il a bien voulu m'é-
crire, en réponse à plusieurs questions que j'avais cru pouvoir
lui faire, pour savoir ce qu'il pensait de l'opinion de M. Moll,
sur l'effet des racines de luzerne et de sainfoin, lesquelles,
suivant le savant professeur, doivent finir par obstruer totalement les tuyaux ; cette lettre, dis-je, contient des en-
seignements que je ne dois pas négliger de livrer à mes lecteurs.

» Je voudrais pouvoir vous citer des faits en réponse à ce
» que vous me demandez. Malheureusement, je n'en ai pas à
» vous offrir ; d'abord, parce que je ne me sers pas de tuyaux
» de poterie, et, ensuite, parce que je ne cultive ni la luzerne,
» ni le sainfoin, qui ne viennent pas dans mon sol, faute, je
» pense, de l'élément calcaire que nos chaulages ne rempla-
» cent pas suffisamment, pour ces plantes. Je cultive le colza ;
» mais, je ne me suis pas aperçu que ses racines obstruent
» mes drains ; je ne crois même pas qu'elles puissent former
» un obstacle de longue durée, car elles ne sont pas vivaces,
» et, après l'hiver qui suit la récolte du colza, elles paraissent
» être tombées en *détritus*. Quant aux racines de la luzerne et
» du sainfoin, le cas est différent ; elles sont vivaces et pé-
» nètrent fort loin ; le danger signalé par M. Moll est vraisem-
» blable, quant aux racines d'arbres principalement. J'ai
» trouvé des conduites d'eau, en poteries, complètement
» obstruées de racines chevelues, en peu de temps, dans une
» très-grande longueur. C'est cette observation, jointe à la dif-
» ficulté de se procurer ici des tuyaux, qui m'a fait donner la
» préférence aux fascines.

» Je crois que les racines qui peuvent atteindre mes drains
» ne s'y trouvant pas emprisonnées, comme elles le sont dans
» les parois imperméables des tuyaux, s'enfoncent dans le sol
» circonvoisin, suivant leur mode naturel de végétation, sans
» produire cet amas, contre nature, de chevelus, si nuisible
» dans les tuyaux. Les jardiniers ont observé que l'humidité
» qui s'attache aux parois des vases en terre cuite, favorise
» la production des racines ; ils donnent le nom de *perruque*
» à l'épais lacis qui tapisse l'intérieur des pots, tout autour
» de la motte, au bout de quelque temps, et qui nécessite les
» rempotages. Ils ont aussi remarqué que les boutures placées
» en contact avec les parois des pots, émettent plus tôt des
» racines que quand elles sont un peu éloignées des bords. On
» peut, donc, tenir pour constant, que les poteries excitent le
» développement des racines. Je persiste, pour cette raison,
» à donner la préférence à mes drains économiques, en simples
» coupures. *les plus étroites possibles* (1), tels que je vous les ai
» décrits. J'ai seulement reconnu l'utilité d'augmenter la pro-
» fondeur. Je les place maintenant à 1^m ou 1^m 20, et, je crois
» qu'avec cette condition, elles sont d'une durée presque in-
» définie. J'ajoute que s'il survient quelque obstacle dans ma
» petite coupure, le filet d'eau qui a pris son cours peut se
» *frayer, peu à peu, son chemin, à côté, et j'ai reconnu qu'il*
» *s'accroît au besoin.* »

C'est ce que j'ai dit, en d'autres termes, pour rassurer les
draineurs sur les craintes qu'ils pourraient concevoir, au sujet
des racines d'arbres, des queues de renard, etc., qui sont
pour la plupart, le prétexte, plutôt que la cause réelle, de
leur éloignement, pour l'application du drainage.

Si, comme on le voit, M. Gallemand reconnaît que la profondeur des drains est un élément de succès; s'il repousse l'idée
que les racines de colza puissent jamais engorger les tuyaux,

---

(1) Je ne puis cesser de le répéter, avec M. Gallemand : il faut, pour
que le drainage avec fascines, offre des garanties de durée, que les tranchées, au fond, soient très-étroites, que les fascines soient bien liées.

il ne serait pas éloigné de partager l'opinion de M. Moll. au sujet des racines de luzerne.

L'opinion de M. Gallemand est fortement motivée; mais, je suis heureux, dans l'intérêt du pays, de pouvoir la combattre par un moyen tiré de la nature même des plantes dont le chevelu prend une très-grande extension, surtout le long des parois des vases où elles sont placées. Ces plantes prennent beaucoup de développement, parce qu'elles se trouvent dans de bonnes conditions, en ce qu'elles sont arrosées de temps en temps, avec soin, et qu'il ne reste jamais d'eau dans les vases où elles sont placées; mais, si leurs racines restaient en contact avec l'eau pendant six mois de l'année au moins, comme cela arriverait aux racines de luzerne, qui pénétreraient dans les drains, elles finiraient très-certainement par pourrir, si elles n'appartenaient pas aux familles qui ne vivent que dans de semblables conditions.

La confection des fascines exige quelques soins; peu d'ouvriers savent les faire.

Les observations de M. Gallemand, à cet égard, sont d'autant plus précieuses qu'elles sont le résultat de l'expérience et d'une étude approfondie de la question.

Il recommande de serrer fortement les fascines, parce que les terres ne pourront passer entre les parties qui les composent, parce qu'elles doivent, pour remplir exactement l'ouverture des drains, être chassées avec force et permettre de ménager un vide en dessous, qui suffira à l'évacuation des eaux quelque abondantes qu'elles puissent être.

Quand nous avons drainé à l'Huyère, chez M. Herbé, nous avons suivi, à la lettre, les prescriptions de M. Gallemand, et nous avons complétement réussi.

Pour serrer nos fascines, quelques-uns de nos ouvriers ont établi deux pièces de bois équarries qui placées parallèlement sont fixées entre elles, dans cette position, par deux petites traverses en bois rond.

Sur l'axe longitudinal et vers le milieu de chacune des deux principales pièces, figure 19 , planche Ire, deux chevilles en bois de 0,30 à 0,40 de longueur, sont placées à 0,12 de distance au plus et respectivement un peu inclinées vers l'extrémité de ces deux madriers; d'autres ont employé le moyen qu'indique M. Barral, le savant directeur du *Journal d'Agriculture pratique*, dans sa brillante et remarquable *Théorie du Drainage*, et qui consiste à placer les branchages destinés à former la fascine, entre deux rangs de piquets croisés, figure 20, planche Ire, et à les serrer ensuite au moyen d'une corde nouée à deux bâtons, appelée *garot* ou *liure*, figure 21, planche Ire, afin de pouvoir les lier facilement à la grosseur voulue.

XV.

OBSERVATIONS GÉNÉRALES.

Si les terres que l'on draine, sont bordées ou traversées par une rivière ou par un ruisseau à faible pente, qui puisse servir d'évacuateur principal, il est très-important de n'y amener les eaux de drainage que de loin en loin, au moyen d'un collecteur parallèle. On comprend facilement la raison de cette recommandation, quand on connaît les effets qui se produisent dans nos rivières à faible pente, où se forment très-promptement des attérissements, où poussent annuellement des herbes, des roseaux qui pourraient engorger les tuyaux placés en tête de chaque drain. Dans les grandes crues, d'ailleurs, occasionnées soit par les orages, soit par des fontes de neige, les eaux sont *troubles;* si elles pénètrent dans les tuyaux, elles y forment certainement des dépôts de nature à amener une perturbation complète dans le système. Puis, les berges se trouvant corrodées à la longue, il y a des *déchirures* plus ou moins profondes qui doivent occasionner le dérangement des tuyaux extrêmes. Il y a, enfin, les rats d'eau, les grenouilles qui peuvent

pénétrer dans les drains, y mourir, et déterminer des engorgements temporaires.

Ces inconvénients existent également pour les drains collecteurs; mais, ils sont d'autant moins graves que les lignes de
drainage principales sont, au moins, dans la proportion de 1ᵐ à
10ᵐ, comparativement au nombre des drains ordinaires.

XVI.

ÉVACUATION DE L'EAU AU MOYEN DE PUISARDS.

Des personnes qui se sont beaucoup occupées de drainage,
et que l'expérience a convaincues que l'aérage du sous-sol,
exerce une heureuse influence sur les racines des plantes, ont
exprimé des craintes au sujet de l'évacuation des eaux, au
moyen de puisards qu'il faut nécessairement creuser dans le
terrain que l'on veut drainer, quand il n'y a pas d'évacuateur
général, ou fossé de décharge, ou quand la pente est presque nulle. Elles ont paru convaincues que l'air ne pouvant plus
pénétrer aussi abondamment dans les tuyaux, la terre profite-
rait beaucoup moins de l'effet des influences atmosphériques.

Il est évident que, si comme nous l'avons déjà dit, l'air circule dans le sol et dans le sous-sol, la végétation sera plus ac-
tive; mais, rien ne prouve que le système des puisards s'op-
pose à la circulation de l'air dans les terrains drainés.

En effet, pourvu que l'on admette qu'au point de vue de
l'assainissement, le système des puisards doive produire les
mêmes résultats que celui des évacuateurs naturels, on recon-
naitra, à l'examen de la question, que dans l'une et l'autre hypothèse, l'air circulera très-librement dans toutes parties du sol
situées au-dessus des drains, et qui doivent se trouver débar-
rassées de l'humidité dont elles étaient saturées. Pour nier cet
effet, il faut nier que l'air puisse pénétrer dans les terres que
l'eau a dû traverser, en y laissant évidemment des traces de

leur passage, ou. en d'autres termes, que l'air est moins subtil que l'eau.

Admettons, toutefois, que même en considérant comme constants, les faits qui servent de base à mon argumentation, il pénètre moins d'air dans le sol. quand il n'y a pas une bouche de drain ouverte à l'air libre, et qu'il y ait nécessité d'en avoir une quantité aussi grande que possible. Nous trouverons un moyen fort simple de mettre les choses en un état tel, que l'on arrive à reconnaître qu'il n'y a plus d'objection sérieuse à élever contre les puisards, qui seuls, quelquefois, permettent le drainage. Ce moyen est fort simple ; il consiste à établir *un regard* ou deux sur le collecteur général, à quelques mètres du puisard.

Pour que ces regards pussent présenter toute la solidité désirable, il serait bon de faire une certaine longueur de *main-pipe* ou drains collecteurs, en maçonnerie, avec un radier sur lequel coulerait l'eau.

On peut creuser les puisards ou *puits absorbants*, ou *boit-tout*, dans une fosse, au centre de la partie la plus basse du sol que l'on veut égoutter. « Ce travail s'exécute en pratiquant, d'a-
» bord, une excavation circulaire dont l'orifice présente en-
» viron deux ou trois mètres de diamètre; on diminue ce
» diamètre à mesure que l'on descend, afin que les parois.
» disposées en talus, ne s'éboulent pas. A une profondeur qui
» dépasse rarement quatre à cinq mètres, on arrête l'excava-
» tion, et l'on pratique au centre, un forage qui pénètre au-
» dessous de la couche imperméable. On introduit, alors, dans
» le trou de sonde, un tube de bois d'orme ou de chêne, et
» pour prévenir l'engorgement de ce tube, on en recouvre
» l'orifice supérieur avec de petites branches d'arbres, puis,
» on place par-dessus une grosse pierre plate dont les côtés re-
» posent sur deux autres pierres latérales; enfin, on remplit
» presqu'entièrement l'excavation avec des cailloux. Ces tra-
» vaux terminés, les eaux, qu'on a soin de faire successive-
» ment converger, les jours suivants, au moyen de tranchées,

» vers ce puits absorbant , y disparaissent par infiltration. »
(*Géologie appliquée à l'Agriculture.* A. Gente et d'Orbigny,)

Il est très-certain qu'il y a des cas où la confection d'un *boit-tout* présente fort peu de difficultés, où la couche perméable n'est qu'à deux ou trois mètres à peine de la surface du sol. Souvent même, il arrive, dans l'étage crétacé qui comprend les contrées où se trouve la craie, que cette craie, n'est séparée de la couche de terre végétale, que par une couche d'argile remaniée rouge ou brune, empâtant des silex et appelée *cauchin*, ou par le *bief*, argile de même nature, mais qui ne contient pas de silex, et que l'on peut considérer comme un *diluvium*.

On peut constater cette disposition des couches de notre terrain, principalement dans les communes des cantons d'Auneuil, du Coudray-Saint-Germer, de Noailles, qui se trouvent sur la falaise; dans les cantons de Formerie, de Grandvilliers, de Marseille, de Songeons, et dans quelques communes du canton de Nivillers.

XVII.

ÉCOULEMENT DES EAUX PROVENANT DES TERRAINS DRAINÉS D'APRÈS LE SYSTÈME D'ESPACEMENT A GRANDE DISTANCE.

On a émis des doutes sur la question de savoir si , dans les terres drainées, d'après la méthode d'espacement à grande distance, les eaux pourraient s'écouler assez promptement, pour ne pas nuire aux plantes, pour ne pas rendre les labours impossibles pendant trop longtemps. J'ai répondu, sans hésiter, qu'il n'y a aucune crainte à concevoir ; voici pourquoi : Il tombe , année moyenne, par hectare, ainsi que nous l'avons déjà dit, une quantité d'eau que l'on peut évaluer à près de 5,500^m cubes. La saison des pluies, proprement dite, dure quatre mois; mais, le nombre de jours pendant lesquels il pleut beaucoup, peut varier entre 100 et 110. Ce serait donc, par jour et par hectare, 55^m cubes. En admettant trois jours successifs extrêmement pluvieux, il y aurait à évacuer 165,000 litres d'eau ; mais, l'évaporation étant, en hiver, de 25 p. %. et, en été, d'environ 90, il ne resterait pour la filtration, à l'époque la moins favorable de l'année, que 123,750 litres, par hectare. Eh bien ! en supposant même un espacement de 30^m, nous aurions, au moins, trois drains dans un hectare. et chaque drain n'aurait à évacuer que 41.250 litres en trois jours, soit 13,750 par 24 heures. c'est-à-dire, le tiers à peine de ce que peut débiter un tuyau de 0,0375 de diamètre intérieur, en supposant une faible vitesse de 0,50 à la seconde (1). Le débit d'un petit tuyau, étant les deux tiers environ de celui des moyens, il est constant que dans tous les cas *où il ne s'agira que d'évacuer les eaux de pluie*, les tuyaux de la plus petite dimension suffiront.

Toutefois, nous recommanderons d'en employer de plus grands quand la pente du terrain sera faible. En d'autres termes, nous dirons aux draineurs : *Plus vous donnerez d'espacement, plus grands devront être vos tuyaux ; notre système, à grand espacement, ne doit être appliqué qu'autant que la pente du terrain est assez prononcée, ou que l'évacuateur général se trouvera assez en contre-bas des drains ordinaires, pour qu'il soit possible de leur donner autant de profondeur que l'exige l'application de la nouvelle méthode que nous avons appliquée avec succès.*

(1) **En effet,** le diamètre étant de 0,0375, le rayon 0,01875 élevé au carré, donne 0,0003515625. En multipliant cette valeur par π ou 3,14, rapport de la circonférence au diamètre, nous trouvons 0,00110390625, pour surface de l'orifice du tuyau. Si donc, l'eau coulait avec une vitesse d'un mètre à la seconde, le tuyau débiterait, pendant ce temps, un volume de liquide ayant un mètre de hauteur et pour base 0,0011, en négligeant le reste de la fraction, c'est-à-dire, 11 fois la *dix-millième* partie d'un mètre cube qui contient 1,000 litres, ou 1 litre 10 centilitres. Or, comme il y a 86,400 secondes dans 24 heures, l'eau évacuée, d'après notre hypothèse, dans un jour, formerait un volume de 95,040 litres, ou près de 100^m cubes. Si nous réduisons la vitesse de moitié, nous aurons encore plus de 50^m, quand un débit d'un tiers moins considérable nous suffirait.

On a demandé si , en ne laissant qu'une distance d'un millimètre entre les petits tuyaux , surtout , on pouvait espérer que les eaux trouveraient un écoulement facile? Quand je dis *une distance d'un millimètre ,* j'entends la moindre distance possible.

Tous les calculs faits par les savants qui se sont occupés sérieusement de la question , permettent de répondre affirmativement ; mais, comme il importe que le drainage ne semble pas une de ces choses dont la discussion ou l'examen doit rester exclusivement dans le domaine de la science , j'ai dû , jusqu'à présent , appuyer mes assertions de raisonnements à la portée du plus grand nombre ; je continuerai.

Si les tuyaux se touchent , *autant que le permet leur confection ,* c'est-à-dire, qu'ils ne soient distants , les uns des autres , que d'un millimètre , nous aurons pour chaque interstice , un rectangle d'une longueur égale à la circonférence du vide du tuyau , et d'un millimètre de hauteur, ce qui nous donnera une surface de 0.060087 (1).

Il y a évidemment différentes longueurs ; toutefois, comme peu de drains ont moins de 100^m de développement, nous admettrons cette base , pour fixer les idées. Nos tuyaux ayant de 0^m 34 à 0^m 35 , nous n'aurions guère , dans 100^m, que 290 interstices ; mais, la longueur ordinaire étant de 0,33 dans tous les lieux de fabrication, nous aurons le nombre 300 comme facteur, et nous trouverons que la surface totale d'écoulement, est de 0,000087 × 300 = 0^m 0261 ; l'eau ne pouvant pénétrer dans les interstices que sur les ⅗ du pourtour, nous n'avons à compter que $\dfrac{261 \times 3}{5} = 0,01566$

Si l'eau entrait dans tous les vides, avec une vitesse égale, de 1^m à la seconde par exemple, nous aurions un débit de 15 litres 66 à la seconde, puisque l'eau écoulée se trouverait

---

(1) Le diamètre du vide étant de 0,0277, la circonférence est de 0,087, et chaque rectangle partiel peut être représenté par cette valeur : 0,087 × 0,001 = 0,000087.

représentée par un volume ayant un 1^m de hauteur, 0.01566 pour base, c'est-à-dire 1,566 fois la cent-millième partie d'un mètre cube qui contient 1.000 litres, ou 15 litres 66, comme on vient de le voir.

Dans un jour, on évacuerait, par conséquent, 1,555,000 litres d'eau ; mais, la vitesse, eu égard à la manière dont l'eau arrive dans les drains, n'est guère, au maximum, que de $\frac{1}{40}$, ce qui donne seulement $55^m 825$. débit suffisant et au-delà, pour prouver combien sont peu fondées les craintes que l'on pourrait concevoir sur l'emploi des petits tuyaux et sur l'application du système à grand espacement.

Voilà des données théoriques ; voici des faits :

Au Becquet, dans une propriété appartenant à **M. de Saint-Germain**, un tuyau de 0,05 de diamètre intérieur qui, cependant, ne coulait pas à plein calibre, a débité, pendant long-temps, 44.000 litres d'eau par jour. Au bois de Cailly, propriété de M. Michel-Walon, un tuyau de même dimension, qui coulait sur le tiers de son calibre, a donné, pendant plus d'un mois, 34.500 litres d'eau par jour.

M. Josiah Parkes, l'un des princes de la science du drainage, en Angleterre, a reconnu que des tuyaux d'un pouce de diamètre, ont suffi à l'écoulement *complet*, en deux jours, d'une des plus fortes pluies constatées. Cette pluie avait été de 120^m cubes ou $120,000^l$ par hectare.

En admettant le minimum d'évaporation, c'est-à-dire, 25 p. %, il restait 90^m cubes à évacuer, et quand même il n'y aurait eu que trois drains, il eût suffi que chaque ligne débitât 15,000 litres par jour. Donc, encore une fois, le système à grand espacement ne paraît présenter aucun inconvénient, et l'emploi des petits tuyaux est possible toutes les fois qu'il n'y a pas de nappes d'eau souterraines

---

XVIII.

DISPOSITION DES DRAINS. — PENTE A DONNER AU FOND DES TRANCHÉES.

La figure 24, planche Ire, et les figures 1, 2 et 3, planche III, indiquent la disposition des tranchées dans toutes nos opérations de drainage. Nous avons adopté le système de barbes de plume, afin de faciliter l'écoulement des eaux des drains secondaires qui fonctionnent d'autant mieux qu'ils se rapprochent plus de la direction du collecteur, lequel doit toujours être établi dans la ligne de la plus grande pente.

Quand nous avons effectué les travaux du drainage que représente la fig. 24, pl. Ire, nous avons été frappés de l'effet qui se produisait à l'embranchement ou au confluent des drains ordinaires qui formaient un angle moins aigu que les autres. Les eaux refluaient sur une grande longueur, et l'écoulement n'avait lieu qu'au moment où le niveau des eaux des drains ordinaires se trouvait relevé de cinq à six centimètres.

Cet effet se remarque à tous les confluents, quelle que soit l'importance des cours d'eau. Aussi, conseillerai-je toujours, de donner aux drains une direction très-oblique, en se rapprochant, le plus possible, de celle du collecteur.

On comprend aisément, qu'à part la question du choc des veines fluides, il y a à considérer la possibilité d'obtenir une plus grande pente, question capitale sur laquelle je ne saurais trop insister.

La figure 2, planche III, donne une idée du système que nous recommandons et dont l'application nous a permis de vaincre une des plus grandes difficultés que nous ayons rencontrées, et qui consistait à obtenir une pente suffisante pour l'écoulement des eaux.

Sur plusieurs points, nous n'avons donné que 0^{m}002 de pente;

sur d'autres, 0^m 001 seulement, et, cependant, nous avons complètement réussi

Nous avons obtenu les mêmes résultats, à la Chaussée de Gouvieux, dans la belle prairie de M. Aumont.

La figure 1, planche III, représente une pièce appartenant à M. le duc de Mouchy, où le drainage, à grand espacement et à grande profondeur, a été appliqué cette année.

Les drains ayant une assez grande longueur, nous avons pratiqué des bouches de dégagement sur beaucoup de points, et nous avons ouvert des petites tranchées dans le bas, aussitôt qu'il ne nous a plus été permis d'obtenir une profondeur, en rapport avec l'espacement.

Dans les parties hautes de la section de gauche où l'espacement des drains est de 13 à 15^m seulement, nous avons placé des petits tuyaux sur une longueur de 100^m; pour le reste, nous avons employé des tuyaux de 0^m 0375 de diamètre.

C'est une précaution que je recommanderai aux draineurs, en appelant toute leur attention sur la nécessité de proportionner les moyens d'écoulement aux quantités d'eau probables que l'on a à évacuer.

Nous employons pour nos collecteurs, soit de gros tuyaux seuls, soit plusieurs petits ensemble. C'est une question qui ne peut présenter d'embarras. On emploie ce que l'on a, et si on procède avec réflexion, on peut compter sur d'excellents résultats.

<hr>

XIX.

OUTILLAGE SPÉCIAL POUR CERTAINES TERRES.

Dans tous les terrains d'une consistance ordinaire, nos ouvriers n'emploient plus que trois espèces d'instruments, et vont cependant très-vite en besogne. Ces trois instruments sont la bêche ordinaire, la bêche fig. 13, planche II, dont la forme

est la même que celle de la partie inférieure d'une tranchée
ouverte, et qui, arrondie à la base, permet de terminer à-
peu-près complétement les drains collecteurs et de creuser les
drains ordinaires, de manière à ce qu'avec une troisième
bêche d'une plus petite dimension, mais exactement sem-
blable, on puisse aller, d'un seul coup, à la profondeur voulue.
Fortes et solidement emmanchées, ces bêches donnent les
moyens de préparer très-promptement une tranchée.

Les curettes, écopes ou *varigus*, sont employées moins fréquemment, et en égard à la nouvelle disposition de la partie intérieure coupée en sifflet figure 14, planche II, et des bords
un peu évasés et amincis de manière à permettre de nettoyer
aisément et très-vite les parois; l'ouvrier gagne beaucoup de
temps.

L'instrument qui sert à placer les tuyaux, a été également
modifié. C'est aujourd'hui, une lame à-peu-près plate, dentée,
figure 15, planche II, d'une épaisseur suffisante, qui rend
facile et prompt le placement des tuyaux avec ou sans manchons. On tient cet instrument propre sans peine. Il est, d'ailleurs, d'une très-grande simplicité.

L'emploi de ces outils qui coûtent fort bon marché, aura
pour résultat de réduire la dépense, dans des proportions relativement considérables.

La herse à remplir présentait, d'abord, une difficulté, au
point de vue de la perte de temps occasionnée par la nécessité
d'arrêter, pour relever ou baisser le régulateur. Cette difficulté n'existe plus. Au moyen soit d'un système d'engrenage,
figures 10 et 12, planche II, composé de quatre roues mises en
mouvement par une manivelle de côté, soit d'un arbre de
couche avec manivelle à l'arrière, agissant par deux roues en
coin, sur deux autres roues de même forme, qui s'engrènent
dans les rochets du régulateur, et font remonter ou descendre
les crémaillères; au moyen, dis-je, de l'un de ces deux moyens,
on imprime en marchant, tel mouvement vertical que l'on
veut au régulateur.

S'il ne se produisait pas d'éboulements, avant le remplissage, on pourrait adopter le système d'avant-train, figure 12, planche II. Dans le cas contraire, on appliquerait celui que représente la figure 11, et qui est presqu'aussi simple. En effet, il consiste à reporter les roues du premier système, roues toujours mobiles, aux extrémités de l'essieu coudé tournant sur l'axe, où il est maintenu par une cheville ouvrière et par deux chaînes de rappel que l'on raccourcit et auxquelles on donne de la longueur, à volonté, afin de permettre de tourner.

Les roues d'avant sont assez hautes, pour donner les moyens de faire *mordre* la machine suffisamment. Les dents sont disposées de manière à ramener le plus de terre possible, dans les tranchées.

Dans le cas où les branches formeraient un arc de cercle, les dents devraient être placées de telle sorte qu'une ligne qui les diviserait en deux parties égales, dans le sens vertical, serait la base d'un secteur dont le sommet serait le centre du cercle.

Ces simplifications sont dues, en grande partie, aux bons ouvriers que nous avons employés et qui nous ont aidé de leurs conseils. Je citerai, en première ligne, l'adroit M. Maillet, qui travaille avec une rare perfection; puis MM. Tourin, maître serrurier; Sangnier, maître menuisier; Fontaine, graveur; et Levrault-Quinard, de Noailles.

Je suis heureux de pouvoir leur exprimer ici toute ma reconnaissance, pour la patience qu'ils ont apportée dans les recherches que nous avons faites ensemble, afin d'atteindre le but que je poursuivais.

J'ai déjà dit, autre part, et je me plais à répéter que sans l'insistance de notre digne et honorable vice-président, je ne serais probablement pas revenu si tôt, à ma première idée, au sujet du régulateur.

Je ne dois pas non plus passer sous silence, la coopération de M. Jules Laffineur, agent-voyer à Beauvais, qui a bien voulu faire la plupart des dessins-modèles de ce Manuel et qui a si bien réussi.

Je remplis, enfin, une dernière dette, en témoignant ma vive gratitude à mon comptable M. Vaillant, et à mes surnuméraires MM. Piat et Bachimont, qui m'ont secondé avec tant de dévouement.

XX.

APERÇU DES PERTES CONSIDÉRABLES QU'ÉPROUVE L'AGRICULTURE, EU ÉGARD A L'ÉTAT ACTUEL DES TERRES QUI POURRAIENT DONNER D'EXCELLENTS PRODUITS, SI ELLES ÉTAIENT ASSAINIES.

On m'a souvent reproché ma manie de draineur ; on m'a dit et répété que je parlais tant et si souvent du drainage, que je finirais par nuire à la propagation de ce système d'assainissement, même auprès des propriétaires les plus disposés à croire aux effets qu'il peut produire. Comme les personnes qui m'ont charitablement averti que je pourrais faire fausse route, en continuant à suivre la ligne que je me suis tracée et dont je ne dévierai *jamais ;* comme ces personnes, dis-je, se prétendent mes amis, je tiens à leur prouver que si je suis assez malheureux, pour atteindre un but diamétralement opposé à celui vers lequel tendent tous mes efforts, j'ai, du moins, quelques droits à leur indulgence.

J'ai affirmé, dans une lettre que j'adressais à M. le Préfet de l'Oise, l'année dernière, que le jour où l'on drainerait quelques hectares de terre, à partir surtout du pont de Saint-Léger-en-Bray, jusqu'à la chapelle d'Auneuil, on *jetterait un million* dans le canton de ce nom. J'admettais que les résultats, qui devaient se produire, détermineraient tous les cultivateurs, à recourir aux seuls moyens qu'ils pussent employer pour obtenir de bonnes récoltes, sur une étendue très-considérable de terres en culture.

J'avais examiné la question avec la plus grande attention : mais, je n'avais pas de détails suffisants, pour justifier mon affirmation. Un de mes collaborateurs, M. Patin, a bien voulu se charger de m'en fournir ; ils résultent de renseignements pris sur les lieux mêmes, en présence de plusieurs propriétaires.

A Rainvillers, nous avons trouvé 27 hect. 95 ares de terres où le blé a manqué, ci . . . . 27^h 93^a

A Saint-Léger 224 77

A Auneuil 175 49

Total . . . . 426^h 19^a

Pour fumer, cultiver et ensemencer un hectare de terre, le minimum de la dépense est de 200 fr.; les frais de culture pour les 426 hectares 19 ares, des communes d'Auneuil, de Rainvillers et de Saint-Léger, où le blé a manqué, ont donc été de . . . . 85,258^f »

Mais, comme il a fallu labourer et ensemencer deux fois, c'est-à-dire, faire une dépense

1° pour 2e labour, de 24 fr. l'hectare, et pour 426 hect. 19, ci . . . . 10,228^f 56

2° pour 2e semence, de 60 fr. l'hectare, et pour 426 hect. 19, ci. 25,571 40

$\left. \right\}$ 35,799 96

Les frais extraordinaires que cette circonstance a nécessités ont fait élever la dépense totale de culture, en 1855, de ces 426 hect. 19 à 121,057 96

Ce qui donne, en retranchant de ce produit, le montant de la première dépense . . . . 85,258 »

une perte réelle, comme nous l'avons indiquée ci-dessus, de . . 35,799^f 96^c ci 35,799^f 96^c

Report............... 55,799ᶠ 96

Maintenant, en supposant que la récolte ordinaire en blé, quand le terrain est de bonne
qualité, est de 24 hectolitres par hectare, ou
de 10,228 hectolit. 56 litres pour 426 hectares
49 ares, à 20 fr. l'hectolitre, nous aurons un
produit de................ 204,571ᶠ 20ᶜ

Mais, la récolte n'ayant été,
en 1853, que de 1,200 litres environ par hectare, ou de 5,114
hectol 28 litres pour 426 hect.
49 ares. à 20 fr. l'hectol., nous
n'obtenons qu'un produit de.... 102,285 60

La différence............. 102,285ᶠ 60 ci 102,285ᶠ 60

ajoutée à celle de 35,799 fr. 96 c. occasionnée
par les frais extraordinaires de culture, donne
une perte totale de...................... 138,085ᶠ 56ᶜ
ou de 324 fr. par hectare.

On calcule, dans nos contrées, qu'un hectare de terre, en-
semencé en blé, doit rapporter annuellement, *environ* 50 fr.
de bénéfice au fermier, et 150 fr. au propriétaire qui exploite
lui-même ses terres, ce qui ferait 21,300 fr., en chiffres ronds,
dans le cas spécial dont il s'agit, pour le fermier, et 63,900 fr.
pour le propriétaire. Eh bien! au lieu de donner un bénéfice
quelconque, la perte a été de 19,000 fr. C'est donc une différence de 40,300 fr. dans la première hypothèse, et de 82,900
dans la seconde, ce qui représente un capital de près de deux
millions; et cependant, ce n'est pas encore tout, parce que
les prairies n'ont pas été comprises dans notre travail.

Si nous raisonnons par induction, nous trouverons que La
Houssoye, Berneuil, Frocourt, Auteuil, Ons-en-Bray, Saint-
Germain-la-Poterie, Saint-Paul, Troussures, Villers-Saint-Barthélemy, nous donneront au moins les mêmes résultats. En
d'autres termes, la perte que peut éprouver l'agriculture dans

le canton d'Auneuil, dans une année humide, représente un capital d'environ quatre millions. Dans trois communes du canton de Grandvilliers, nous avons pu constater cette année, année tout-à-fait exceptionnelle, pourtant, les résultats suivants :

Commune de Feuquières : blé manqué.. 15ʰ50
Commune de Grandvilliers.. .... 17 25
Commune d'Halloy................. 18 05

50ʰ.80ᶜ

On remarquera que nous ne nous sommes occupés que des terres en blé.

On pourra nous dire que nous avons choisi, pour le canton d'Auneuil, une année exceptionnelle. A cela, nous répondrons, que nous avons pris les faits à l'époque où ils se sont produits ; que si, chaque année humide, depuis vingt ans, n'a pas été aussi fatale que l'ont été 1812, 1816, 1846 et 1853, il y aura encore, en 1854, des pertes considérables à constater, dans les mêmes communes ; que le drainage est évidemment le seul remède contre le retour de semblables calamités, puisque dans le terrain drainé à Flambermont, par M. Adam, terrain qui se trouvait absolument dans les mêmes conditions que ceux où l'on n'a obtenu aucun produit, dans le canton d'Auneuil, ce propriétaire a récolté, par hectare, 500 gerbes de blé dont le rendement a été de 24 hectolitres. En portant à 500 fr., tout compris, les frais faits par M. Adam, dans sa pièce du moulin à vent, nous trouvons que cette dépense a été couverte et au-delà, la première année.

En effet, si nous portons, à 300 fr., la somme à débourser par hectare pour labours, fumure, semence, récolte, rentrage, tassage, battage, etc., nous trouvons qu'il faut compter, pour les deux hectares que contient la pièce dont il s'agit.   1,100ᶜ

mais il a été récolté 48 hectolitres de blé qui, à raison de 25 fr. l'hectolitre, font........ 1,200ᶜ

la paille pouvant être évaluée à 80 quintaux, donne, à raison de 5 fr. 50 le quintal...... 280

Total.............. 1,480ᶜ ci 1,480

Différence.......... 380ᶜ

Ainsi, M. Adam a pu couvrir ses frais de drainage, en une seule année, et retirer, en sus, 140 fr. par hectare, bénéfice dont se contenteraient la plupart des propriétaires des meilleures terres de France.

M. Adam reconnaît lui-même que les terrains placés dans les mêmes conditions que le moulin à vent, *n'ont rien produit;* qu'il a fallu les ensemencer de nouveau, au mois de mars. Il y a donc eu une différence du tout au tout en 1853, entre les terrains assainis et les terres humides auxquelles on n'a pas appliqué le drainage.

Je devais expliquer les causes qui m'ont déterminé à prêcher une croisade en faveur du drainage, c'est la seule réponse que je doive faire à mes prétendus amis qui, tout en me flattant, en ma présence, riaient, en mon absence, de ma manie, et me plaignaient de me montrer aussi passionné pour une chose qui ne me rapporte que peines et embarras.

Eloges ni critiques ne changeront ma manière de voir à cet égard. Je travaille dans l'intérêt de l'humanité. Dieu, je l'espère, daignera m'en tenir compte, un jour, en se montrant indulgent à mon égard.

Jusque-là, quoique l'on fasse, quoique l'on dise, quoiqu'il m'arrive, je le bénirai de m'avoir permis de placer une pierre aux fondations d'un édifice que les générations futures éleveront, dans l'intérêt des masses qui pourront se procurer, par leur travail, *la vie à bon marché,* et qui vivront sans ressentir les atteintes de ces fièvres si fréquentes qui abattent le courage, qui énervent le corps et qui, quelquefois, vont jusqu'à faire douter de la bonté de la Providence.

XXI.

ARRANGEMENTS QUE PEUVENT FAIRE ENTRE EUX LES PROPRIÉ-
TAIRES ET LES FERMIERS, POUR APPLIQUER LE DRAINAGE A
FRAIS COMMUNS.

J'emprunterai encore à M. Adam, de Boulogne, un tableau qui permet de se rendre compte des avantages que peuvent retirer les propriétaires et les fermiers d'une large application du drainage à frais communs; je laisserai parler M. Adam, lui-même.

« Cette question de dépense, m'amène à vous parler de
» nouveau de sa répartition, dont je vous ai déjà entretenu.
» Voulant laisser toute latitude aux propriétaires et aux loca-
» taires pour les arrangements qu'ils peuvent faire entre eux,
» je me suis borné à recommander une répartition équitable
» et basée sur l'intérêt de chacun. Sans vouloir sortir de cette
» réserve j'indiquerai seulement que j'ai récemment signé
» deux baux et arrêté la convention suivante :
» Le propriétaire fournit les tuyaux et un ouvrier ; le loca-
» taire se charge du transport depuis la fabrique et fournit
» deux ouvriers. J'ai cru devoir me réserver un ouvrier de
» mon choix pour avoir une bonne garantie du travail. Dans
» le cas d'un arrangement entre le propriétaire et le fermier,
» pour mettre tout à la charge du premier, moyennant un
» accroissement de loyer, et si l'on calcule, l'amortissement
» compris, sur le pied de 6 ½ p. %. de la dépense, suivant le
» système anglais, l'accroissement de rente devrait être d'en-
» viron 4 fr. par 40 ares, somme *très-minime* en raison des
» avantages qui résultent du drainage pour le locataire. Quant
» au propriétaire, sa position est également améliorée. Voici
» un tableau représentant le résultat d'une dépense de 1,000 fr.
» opération de drainage :

6

TABLE D'INTÉRÊT COMPOSÉ

POUR L'AMORTISSEMENT D'UNE DÉPENSE DE 1,000 FR. DE CAPITAL,

la dotation annuelle étant de 1 ½ p. % du capital employé.

Intérêt à 5 pour cent.

Ans.	PRODUIT SUCCESSIF par année.		Ans.	PRODUIT SUCCESSIF par année.	
1	15	000	17	587	604
2	50	750	18	421	984
3	47	287	19	458	085
4	64	651	20	495	988
5	82	884	21	555	788
6	102	028	22	577	578
7	122	150	23	621	456
8	143	230	24	667	328
9	165	597	25	715	905
10	188	667	26	766	704
11	213	100	27	820	036
12	238	751	28	876	037
13	265	695	29	934	840
14	293	974	30	996	582
15	323	677	31	1,061	410
16	554	861			

« On voit qu'au bout de 30 ans le propriétaire aurait reçu
» 5 p. % d'intérêts du capital employé, et serait rentré dans
» ses débours, ou, pour mieux dire, aurait augmenté son re-
» venu de 65 fr. C'est un placement qui doit encourager (1). »

(1) Il est évident que porter à 10 fr. l'augmentation du revenu, par hectare, c'est montrer une grande réserve. Je crois que l'on pourrait aller à 20 et même à 50 fr., sans craindre d'être accusé d'exagération.

XXII.

APPLICATION DU DRAINAGE AUX MAISONS D'HABITATION.

Si le drainage, appliqué aux terrains humides, produit d'heureux résultats, s'il est destiné à opérer dans le monde, toute une révolution pacifique et cependant d'une portée immense, ce système d'assainissement peut encore fournir les moyens de rendre nos habitations, toujours saines, d'assurer ainsi plus de bien-être aux populations de certaines contrées où l'insalubrité des maisons occasionne tant d'affections rhumatismales, tant de fièvres intermittentes.

« Tous les matériaux, sans exception, dit M. Le Maistre,
» membre de l'Académie nationale, dont on fait usage dans le
» bassin de Paris, sont très-poreux.

» Par suite d'une économie mal entendue, ces matériaux
» servent indistinctement, à la construction des murs de fon-
» dation, des murs de refend, des voûtes de caves, et même
» des fosses d'aisance, dans l'édification desquelles la chaux
» n'entre pas pour la plupart du temps comme unique mor-
» tier, mais trop souvent le plâtre, comme dans le reste de
» l'édifice. La maison une fois terminée ainsi, le mal est fait
» depuis la base jusqu'au sommet, quelque bien aérées que
» soient les caves au moyen de soupiraux bien distribués. On
» vient de plonger dans un milieu constamment humide, un
» corps qui va, au moyen de l'attraction capillaire, constam-
» ment approvisionner d'humidité et de salpêtre, une partie
» des pièces de la maison depuis la cave, je ne dirai pas
» jusqu'au grenier, parce que, à partir du deuxième étage,
» l'humidité, transmise par les murs, devenant moins abon-
» dante, ses effets deviennent alors moins sensibles, l'air en
» absorbe une grande partie; mais, il n'en est pas ainsi du
» rez-de-chaussée qui, pour la plupart du temps, est inhabi-

» table ; il faut, par suite de son commerce, être forcé d'y
» demeurer, pour se décider à faire ce sacrifice. C'est alors
» que l'on cherche tous les moyens possibles de se garer d'un
» mal sans remède. Ce n'était pas après la construction de
» l'édifice qu'il fallait les chercher ces moyens : c'était avant
» de poser la première pierre. L'ascension capillaire de l'eau.
» qui sert de moyen de transport au salpêtre qu'elle tient en
» dissolution, produit tout le mal; c'est la pierre ainsi que le
» mortier qui sont l'instrument. »

Pas d'effet sans cause. Si, donc, on n'emploie pas de matériaux poreux, il n'y aura pas d'humidité nuisible à la santé
de l'homme. C'est l'avis de M. Le Maistre, qui propose trois
moyens de se préserver de l'humidité et du salpêtre du rez-
chaussée. Ces trois moyens, les voici :

« 1° Répudier entièrement les matériaux poreux dans la
» construction des fondations et de toute la partie des murs
» enveloppée dans le sol. On les remplacerait alors par le
» granit, par le calcaire compact et très-dur comme il s'en
» trouve beaucoup dans des terrains de transition et de forma-
» tion caradocienne, par les roches plutoniques, le silex
» meulier, enfin, par des pierres impénétrables à l'humidité :
» et l'on emploierait, pour mortier, la chaux hydraulique de
» la meilleure qualité possible. On continuerait l'emploi de ces
» matériaux jusqu'à 25 à 30 centimètres au-dessus du sol; à
» partir de ce point, on pourrait achever l'édifice sans incon-
» vénient avec les matériaux poreux. Ce moyen est péremp-
» toire; mais il serait peut-être un peu coûteux : du reste,
» une fois qu'il serait généralement adopté, la concurrence des
» fournisseurs mettrait un frein à l'élévation du prix de ces
» matériaux que les chemins de fer pourraient transporter en
» abondance.

» 2° Je propose, si l'on ne veut pas répudier les matériaux
» de Paris, de s'en servir en employant les précautions sui-
» vantes. Après avoir creusé les caves, on aura soin d'ouvrir
» les tranchées de tous les murs de fondation, de manière à

» leur ménager une longueur de 60 à 70 centimètres de plus
» que les murs n'auront d'épaisseur. Le fond de cette tran-
» chée, sera garni d'abord d'une couche de béton à la chaux
» hydraulique de 25 à 30 centimètres d'épaisseur C'est sur
» cette couche que l'on fera reposer la première assise des
». murs de fondation, que l'on aura soin de maintenir au cen-
» tre de la tranchée afin de partager, par moitié, entre la
» face intérieure et extérieure desdits murs, l'espace dont
» j'ai parlé plus haut. Au fur et à mesure que les murs s'éle-
» veront, on remplira de béton à la chaux hydraulique, l'es-
» pace ménagé à dessein des deux côtés des murs, et l'on
» continuera ainsi, à l'intérieur, jusqu'à la surface de l'air
» de la cave et, à l'extérieur, jusqu'au niveau du sol et même
» un peu au-delà, afin de faire former glacis au béton de
» manière à repousser les eaux pluviales.

» Par ce moyen, les matériaux poreux ne seront plus en
» contact avec le sol ; ils se trouveront enveloppés de tous
» côtés d'une chemise impénétrable : par conséquent, le rez-
» de-chaussée, ainsi que les autres parties de la maison
» n'auront plus à redouter l'humidité transmise par la voie
» capillaire des matériaux poreux.

» 3° Le troisième moyen consiste à élever les fondations,
» partie en matériaux poreux, partie en matériaux imper-
» méables. On débutera par les matériaux poreux ; et l'on
» continuera l'érection des murs jusqu'à 80 à 90 centimètres
» au-dessous du niveau du sol ; parvenu là, on commencera
» l'assise des matériaux et du mortier imperméables, à la-
» quelle on donnera la hauteur nécessaire pour dépasser de
» 15 à 20 centimètres le niveau du sol. Les voûtes des caves
» pourront être construites en matériaux imperméables. Il
» faudra seulement avoir soin de commencer la première as-
» sise des cintres, vers le milieu de l'élévation de la cein-
» ture, de matériaux imperméables, et s'y prendre de ma-
» nière à isoler du contact du sol les matériaux des voûtes
» par une épaisseur de 20 à 30 centimètres de matériaux im-

» perméables formant culées entre le sol et les premières
» assises des voûtes , ce qui sera très-facile à pratiquer.

» Par ce moyen , les voûtes ne sont plus en contact avec
» le sol, le rez-de-chaussée se trouve complètement isolé ,
» ainsi que tous les étages de la maison. La disposition de ce
» cordon , que j'appellerai cordon sanitaire , coupe pied aux
» effets de la capillarité par rapport à toutes les pièces
» habitables de la maison , tous les murs qui les enveloppent
» ou sur lesquels elles reposent étant eux-mêmes isolés. Ce
» moyen me paraît encore décisif : les caves seulement ne
» participeront pas aux mêmes avantages. »

Sans discuter le mérite de ces trois procédés que je suis
disposé , au contraire , à proclamer comme infaillibles , je me
demande s'il ne serait pas beaucoup plus simple, beaucoup
plus économique de drainer l'emplacement des maisons , avant
de les construire.

Si les gens riches *seuls* construisaient des maisons d'habitation , les moyens qu'indique M. Le Maistre , ne présente-
raient pas de difficulté sérieuse ; mais , c'est, malheureusement, l'exception. Aussi , faut-il chercher comment on pourra
arriver à assainir toutes les maisons, sans être obligé de faire
de grandes dépenses.

Le drainage nous a paru devoir suffire . pourvu que les
tranchées , que l'on pratiquerait suivant le pourtour de la
maison , fussent assez profondes , pour que l'effet capillaire
se trouvât neutralisé par la pesanteur et par l'attraction moléculaire.

Du moment où il n'y aurait plus d'humidité , l'emploi de
matériaux poreux , ne pouvant plus offrir autant d'inconvénients , les constructions exigeraient moins de précautions et
coûteraient moins cher.

J'ai habité , pendant quelques années , une maison fort
malsaine dont les murs *suaient* fréquemment. Quand , par
suite de pluies abondantes , les terrains adjacents s'étaient
saturés d'humidité , l'eau traversant les fondations , arrivait

en abondance dans l'aire , aussitôt que la tranchée pratiquée le long d'une des côtières , se trouvait obstruée. Si le pourtour avait été drainé , rien de tout cela ne fût arrivé.

Comme l'existence d'un fossé d'une certaine profondeur , pourrait inspirer des craintes , eu égard à la poussée des terres , déterminée par le creusement des fondations, on pourrait pratiquer les tranchées à une distance des murs , telle qu'elles ne pussent nuire en rien à la solidité de la construction.

La profondeur varierait suivant les lieux , suivant les circonstances ; mais , comme on ne forme guère d'établissement de cette nature, sans creuser, ensuite , un puits , s'il n'en existe déjà , à peu de distance , on peut évacuer ses eaux la plupart du temps, sans avoir de sérieuses difficultés à vaincre. Si nous conseillons de ne plus construire , à l'avenir , sans drainer l'emplacement que doivent occuper les maisons d'habitation , nous considérons tout naturellement comme une mesure indispensable , le drainage des maisons construites.

Une objection très-grave se présente ; car, on se dit : Comment drainer une maison qui existe , ayant fondations , caves , murs mitoyens, etc ? Il y aurait des dépenses considérables à faire. La réponse à cette question consiste à en poser une autre que voici : Est-il vrai , oui , ou non , que la santé soit le plus précieux de tous les biens ? Est-il vrai , à quelques exceptions près , que le plus malheureux d'entre nous , ferait tous les sacrifices d'argent qui lui seraient possibles, pour la conservation de sa vie, en présence de la mort ou d'un danger imminent ? Si on admet comme constante, cette tendance naturelle de l'homme, on trouvera très-rationnel qu'il prenne toutes les précautions nécessaires , pour conserver sa santé et vivre longtemps.

L'objection que l'on fait tout d'abord , et qui est d'ailleurs si naturelle , perd donc toute sa valeur , parce que les travaux que pourrait nécessiter l'opération d'assainissement que nous recommandons , coûteraient bien rarement assez cher pour ne pas être toujours possibles, au prix que l'on met souvent à se procurer des choses qui ne flattent que le goût ou la vanité. Et puis, il ne faut pas perdre de vue que des murs secs se solidifieront plus promptement et resteront plus longtemps en bon état.

Pour évacuer les eaux, on a presque toujours les puits, à défaut d'autre moyen, et l'on ne saurait prétendre que ce serait gâter l'eau, par la raison que les eaux de drainage sont généralement d'une pureté et d'une limpidité remarquables. On ne pourrait pas craindre non plus de diminuer la solidité des murailles des puits, par la raison que l'on placerait le dernier tuyau à quelques centimètres de la paroi intérieure, afin que les eaux pussent s'écouler sans dégrader la maçonnerie.

Cette nouvelle application du drainage, sera très-certainement accueillie avec faveur, quand les populations auront pu en apprécier l'importance.

Le drainage est donc un moyen providentiel mis à la disposition de l'homme pour augmenter la somme de son bien-être. Il a d'autant plus de force, à ce point de vue, que sa volonté ne peut rencontrer d'obstacles sérieux, puisque l'exécution des travaux qu'exige ce système d'assainissement, dépend presque toujours de lui seul.

On peut mettre, en avant, l'impossibilité d'obtenir d'un voisin, l'autorisation nécessaire pour exécuter les travaux d'assainissement. Cette objection a de la valeur, et le Gouvernement l'a si bien senti, qu'un projet de loi concernant le drainage, vient d'être présenté au Corps législatif.

Je ne sais s'il contiendra des dispositions applicables aux maisons; il faut l'espérer; mais, si notre attente était trompée, pour cette fois, on reviendrait ultérieurement sur la question, sans aucun doute. Ma conviction se base sur cette considération, que le Gouvernement est animé du désir de faire de grandes choses.

On a dit que la loi présentée trouverait des adversaires dans le Corps législatif, parce que, dans certaines contrées, on la regardait comme un moyen de favoriser la grande culture au détriment des petits propriétaires. Je ne sais si cette opinion s'est produite ; ce que je puis dire, c'est que ce sont précisément les petits cultivateurs qui appellent de tous leurs vœux, la loi dont il s'agit, en nous opposant toujours les difficultés qu'ils éprouveraient s'ils essayaient à obtenir des riches propriétaires, leurs voisins, l'autorisation de pratiquer une tranchée, dans leurs terres.

La loi du drainage satisfera au besoin le plus vivement senti de notre époque ; elle sera populaire, nous en sommes certain. car, quoiqu'on ait assuré fort légèrement que ce système d'assainissement est plutôt à l'état de théorie, en France, qu'à l'état de pratique, le drainage entre dans nos idées, et le plus *simple ouvrier* en apprécie l'importance. Il ne lui manque qu'un peu plus d'aisance, pour l'appliquer ; aussi, serait-ce une mesure d'une immense portée que celle que prendrait le Gouvernement en venant au secours de la petite propriété, par des primes judicieusement réparties.

<hr>

XXIII.

FABRICATION DES TUYAUX DE DRAINAGE.

On s'est beaucoup occupé des moyens de fabriquer à bas prix des tuyaux de drainage ; les mécaniciens anglais, qui, pendant de longues années, ont cru pouvoir se livrer à des recherches sérieuses sur la construction des machines destinées à étirer les tuyaux, sont *John Davie*, Ainslie, Thackeray, Clayton et Scragg. Suivant quelques personnes, on doit accorder la préférence à la machine Clayton que tout le monde connaît aujourd'hui ; pour d'autres, celle de Scragg vaut mieux. Auprès d'un assez grand nombre, enfin, celle d'Ainslie, perfectionnée par M. Thackeray, et construite par M. Laurent, ingénieur-mécanicien, rue du Château-d'Eau, 28, à Paris, est restée longtemps en faveur. Aujourd'hui, on parle beaucoup de celle de M. Rouillier, de Chelles (Seine-et-Marne), qui n'est autre que la machine Clayton perfectionnée.

« Elle a, dit M. Emile Jacquemin, *Vie des Champs*, du
» 1ᵉʳ *avril,* l'immense supériorité d'étirer des tuyaux depuis
» 25 millimètres jusqu'à 18 centimètres de diamètre. Comme
» celle de Clayton, enfin, elle a deux décharges, l'une horizon-
» tale pour les diamètres au-dessous de sept centimètres ;
» l'autre, verticale, pour les diamètres plus forts.

» La machine de M. Rouillier, pour les pièces sur lesquelles
» s'opère la concentration de force, est établie en fer forgé.
» Elle est, grâce à cette précaution, d'une solidité qui défie
» les accidents et qui met le fabricant de tuyaux à l'abri de
» réparations souvent préjudiciables et toujours coûteuses. Sa
» production, par jour, est de six à sept mille pieds de tuyaux
» obtenus par l'emploi de deux hommes et un enfant ; produc-
» tion susceptible encore d'être accrue.

» Dans son ensemble, cette machine paraît donc avoir résolu
» le problème et devoir servir de type, à l'avenir : elle étire
» des tuyaux des diamètres les plus divers ; elle épure la terre
» sans aucune perte de temps ; deux hommes et un enfant pro-
» duisent, par jour, de 6 à 7,000 tuyaux, et, chose non moins
» intéressante pour l'agriculteur, qui, par la nature de son in-
» dustrie, est obligé d'y regarder de très-près ; le prix de la
» machine n'est que de 650 fr. avec 4 filières. M. Rouillier,
» évidemment, n'a eu qu'un but : vulgariser autant que pos-
» sible un instrument destiné à rendre de si grands services à
» l'agriculture de nos campagnes. Nous l'en félicitons sincère-
» ment, et nous nous associons de grand cœur aux distinctions
» flatteuses dont il a été l'objet de la part des Comices agricoles
» de Meaux et de Provins, qui lui ont décerné, en 1853, le
» premier, une mention honorable, et le second, une médaille
» d'argent. »

Nous n'avons ni le désir de critiquer, ni la science suffisante pour comparer le mécanisme de ces différentes machines ;

mais, ce que nous pouvons dire, c'est que l'une de celles que nous a vendues M. Laurent, qui n'est autre que la machine Ainslie perfectionnée par M. Thackeray, nous a permis de faire des tuyaux que MM. Barral, Constant Prévost et Gareau trouvent *trop beaux*; qu'ils nous ont valu des distinctions flatteuses au Congrès de Valenciennes et au Concours d'Amiens; que, comparés avec ceux que j'ai rapportés de Tubise, de Boulogne et de Watten, ils paraissaient, en effet, des objets de luxe, si les autres péuvent suffire.

Nous devons donc accorder la préférence à notre machine, qui, certes, n'est pas la seule de son espèce qui permette de confectionner d'excellents tuyaux, puisque celle que nous avions mise à la disposition de M. Leblond-Devé, potier à Saint-Samson, près Songeons, donne des produits presque aussi beaux que les nôtres.

Voilà des faits que nul ne contestera et qui porteraient à penser qu'il y a peu de machines plus parfaites que celle d'Ainslie perfectionnée par M. Thackeray.

On peut confectionner, dit-on, avec la machine Clayton, une plus grande quantité de tuyaux; c'est possible, mais, ce côté de la question n'a pas, à mes yeux, une très-grande importance. La qualité est préférable à la quantité, par la raison, surtout, que, si on produit un tiers en sus, on n'obtient guère qu'une réduction de prix de 1 fr. à 1 fr. 50 par mille, tandis que si l'on emploie des tuyaux mal confectionnés, quoique bien cuits, le poseur éprouvera des difficultés telles, que la différence de prix dans la confection, sera à peine couverte, et que le drainage offrira moins de garantie, en ce qu'ils seront posés moins régulièrement.

Les nôtres sont toujours exempts de fissures et de trous, dûs, suivant M. Thackeray, à la force expansive de l'air comprimé qui se trouve constamment dans les machines à piston.

Jusqu'à ce que de nouveaux faits m'aient amené à changer d'opinion, je resterai fermement convaincu que les machines que nous a livrées M. Laurent, sont excellentes, et je donnerai, à tous ceux qui me consulteront, le conseil de les employer de préférence à toutes les autres. Légères, elles sont faciles à transporter d'un lieu dans un autre ; occupant peu de place, on trouve toujours un endroit pour les faire fonctionner. Deux hommes et deux jeunes gens peuvent fabriquer 4,000 petits tuyaux dans une journée ordinaire : c'est près de 600,000 dans une campagne. Eh bien ! cette quantité suffira, pendant quelques années encore, dans beaucoup de localités.

Il ne faut pas perdre de vue, d'ailleurs, que pour livrer de grandes quantités de tuyaux, il faut de vastes hangars, des séchoirs d'une grande étendue, des fours d'une grande capacité. Tout cela exige un emplacement très-vaste, de l'entretien, des peines continuelles, et peu de fabricants se décideront, de longtemps, à entrer dans cette voie.

Avec une ou deux machines Thackeray et deux fours fort simples, comme ceux où l'on cuit la brique, trois hangars, un *lieu de marchage* et une fosse à terre, couverte, nous pouvons confectionner, année moyenne, sans peine, sans difficulté, de 6 à 700,000 tuyaux. C'est tout ce que nous pouvons désirer.

Nous employons de l'argile bleue d'une excellente qualité, appartenant à l'étage néocomien. Un mètre cube suffit pour confectionner 2,048 tuyaux de 0,05 de diamètre extérieur, 1,596 de 0.065 et 1,040 de 0,09.

Nos tuyaux ont de 0,34 à 0,55 de longueur ; les petits pèsent $0^k 680$. les moyens $0^k 980$, les gros de seconde dimension $1^k 400$, les plus grands $1^k 698$.

Nous n'avons pas de manège pour broyer la terre ; notre contre-maître a craint que l'emploi d'un broyeur ne nous permît pas de disposer notre terre comme on peut le faire au moyen du *marchage*. Habitué à entendre dire que ses tuyaux seront *très-beaux*, il a manifesté le désir de continuer sa fabrication comme il l'avait commencée ; nous n'avons pas cru devoir l'obliger à adopter un mode de procéder contre lequel il a des préventions.

Nous cuisons dans nos fours, l'équivalent de 36,000 de petits tuyaux. Chaque fournée nous coûte, pour la cuisson seulement, près de 200 fr., c'est assez dire que nous cuisons au bois. Je crois que c'est à cette circonstance et au soin que l'on prend de rouler les tuyaux, que nous devons principalement attribuer la beauté de nos produits.

Nos séchoirs consistent tout simplement en étagères en tringles, disposées dans des hangars, où l'air peut librement circuler. Les tringles sont plus ou moins fortes, suivant qu'elles doivent supporter des tuyaux de dimension plus ou moins grande.

Nous faisons confectionner des briques qui se placent le long des parois du four et dans le milieu, de manière à permettre à la flamme de circuler librement, et à rendre facile le placement des différentes lignes de tuyaux. On chauffe, pendant deux jours, à petit feu; ensuite, on chauffe plus fort; le cinquième jour, on fait grand feu. Quand on a pu s'assurer que la cuisson est arrivée à point, on diminue progressivement le feu, et on laisse les tuyaux se refroidir, pendant une semaine entière. Comme il faut quatre ou cinq jours pour charger, on peut compter vingt jours *par fournée*.

L'argile nous coûte, rendue sur place, 5 fr. 75 le mètre cube; nous payons 9 fr. pour la confection des petits tuyaux, pour le roulage, pour le séchage, l'enfournement, le défournement et la mise en tas. Si on ajoute à cette somme la cuisson, l'amortissement et l'intérêt des dépenses de premier établissement du prix de la machine, l'entretien et les frais généraux, nous trouverons un prix très-élevé.

En effet, toutes ces dépenses forment, au moins, une somme de 1,800 fr. Or, en admettant que l'on confectionne 600,000 tuyaux, ce sera 2 fr. à ajouter par mille.

Voici la composition du prix de coût, pour le petit modèle :

Terre...	1^f 87
Confection, etc..............................	9 00
Cuisson	6 00
Faux frais....................................	5 00
Total..............	19 87

Si nous cuisions avec du charbon de terre, au prix de 0,95ᶜ comme en Belgique, nous pourrions les livrer à 14 fr. 82ᶜ.

La proportion établie entre les tuyaux des autres dimensions, en prenant pour base le petit modèle, a été fixée comme suit :

	Prix équivalents.	Prix par espèce.
Trois petits pour deux moyens........	$\frac{59\ 61}{2}$	= 29 805
Deux petits pour un gros moyen......	39 76	= 39 76
Trois petits pour un gros 1ʳᵉ grandeur.	59 64	= 59 64

Nous faisons, comme on le voit, un léger bénéfice sur les trois dimensions que l'on emploie moins fréquemment, et nous perdons, par compensation, sur ceux qui sont le plus demandés.

Ma tâche est terminée. Il ne me reste plus qu'à donner quelques renseignements sur notre association, dont on trouvera les statuts dans une brochure qui sera adressée à toutes les personnes qui ont accordé leur concours à l'association, pour la publication de ce Manuel.

J'ai procédé par ordre chronologique, en faisant suivre les documents officiels, de la série de nos modèles de pièces de comptabilité.

Ce sera l'objet de l'appendice de notre Manuel.

Nous y ajouterons le rapport de l'excellent M. Perrot, auquel je ne puis qu'adresser le reproche de s'être montré trop bienveillant pour nous. C'est un tort que nous imputons à la commission tout entière, que nous remercions, toutefois, bien sincèrement de sa grande indulgence et de ses généreux encouragements.

Je dirai, en terminant, comme Walter Blight : *Crois-moi, ou renie l'Ecriture sainte (ce que j'espère, tu n'oseras pas faire).* Il ajoutait : Bildad disait à Job : *Le roseau pousserait-il sans la vase et le jonc sans l'eau ;* et après avoir décrit les pratiques de son temps, il terminait par ces mots : *Puis couvrant et nivelant ton terrain, tu attendras qu'il advienne un étonnant effet, avec la bénédiction de Dieu.*

Oui, il faut croire, ainsi que le recommande en termes si énergiques, Walter Blight; il faut espérer que les roseaux et les joncs feront place aux plantes propres à la nourriture des animaux utiles. Il faut croire ce qu'a dit, depuis longtemps, sir John Sinclair, dans son Agriculture pratique et raisonnée : *Que si un terrain est entièrement égoutté, on peut le labourer en toute saison ; que tous les travaux d'une bonne agriculture s'y exécutent avec succès, et que le fermier se place dans un état de prospérité là où son prédécesseur, cultivant un sol humide et non soigné, s'était appauvri et peut-être totalement ruiné.* Il faut croire, enfin, à la conclusion encourageante des leçons d'agriculture, à la sainte et consolante prophétie du borde armoricain Kian, surnommé Gwenc'hlan, qui disait aux populations bretonnes, au cinquième siècle : *Avant la fin du monde, la plus mauvaise terre produira le meilleur blé.*

C'est mon vœu le plus cher, c'est l'espoir qui a soutenu mon courage rudement éprouvé.

J'ai rencontré heureusement sur ma route, des hommes de cœur et d'intelligence qui m'ont accordé un cordial concours, qui m'ont donné des conseils que j'ai été heureux de suivre. Je citerai, entre autres, MM. de la Bouglise, directeur des domaines ; Le Père, ingénieur en chef ; Péron, chef de division à la préfecture de l'Oise ; Perrot, Constantin et Zoéga, professeurs au collége de Beauvais; de Saint-Germain, inspecteur-général de l'association.

J'ai dit ce que l'expérience m'a appris ; si je me suis trompé quelquefois, j'ai l'espoir que l'on aura, pour moi, quelque indulgence, parce que je n'ai eu qu'un but : déterminer les cultivateurs à marcher dans une voie qui doit conduire à des résultats de nature à changer la face de la France.

A tous ceux qui ont eu confiance en nous, merci, une dernière fois. Nous leur exprimons notre reconnaissance en donnant leurs noms à la suite des pièces relatives à la constitution de l'association.

MM. Barral, l'illustre professeur, le savant auteur du plus beau *Traité de Drainage* qui ait encore paru; Gareau, l'un des créateurs du drainage, en France; le baron de Tocqueville, notre inspecteur-général du N. E., cet ardent propagateur des bonnes méthodes agricoles; Aymar-Bression, le zélé directeur de l'Académie nationale d'agriculture; Nérée-Boubée, ce géologue si distingué; l'excellent rédacteur de la *Vie des Champs*, M. E. Jacquemin; M. le vicomte Van-Leempoel, sénateur belge; le comte de Van-Der-Straten-Ponthos, qui a publié un ouvrage si intéressant sur l'avenir du drainage; Vandercolme, cet agronome d'un si grand dévouement, qui a rendu d'éminents services dans le département du Nord; A. Meunier, directeur du service vicinal au ministère de l'intérieur; Vicaire, administrateur général des domaines de la couronne, m'ont donné, par leurs encouragements, la force de marcher résolument dans la voie où j'ai rencontré tant d'indifférence de la part de ceux qui auraient dû me prêter force et appui, et tant d'ingratitude de ceux auxquels je n'ai marchandé ni mes veilles, ni mes tournées longues et pénibles, ni mes conseils.

APPENDICE.

RAPPORT

SUR LES

Résultats que permettent d'obtenir les Instruments aratoires perfectionnés et appropriés au Drainage.

Messieurs,

Conformément à l'invitation de M. le Préfet de l'Oise, votre commission s'est transportée, le 2 février, à Noailles, pour y inspecter les importants travaux que M. Vitard, secrétaire-trésorier et ingénieur de l'association agricole de drainage pour le département, fait exécuter sur le territoire de cette commune, dans les propriétés de M. le duc de Mouchy.

Une circonstance donnait à cette excursion, un intérêt tout particulier. Il s'agissait d'expérimenter la charrue nouvelle dont M. Vitard est l'inventeur, et d'en constater la puissance, comme machine à creuser les drains. Tel était, en effet, le mandat spécial confié à votre commission, présidée par M. Bertrand-Geslin, conseiller de préfecture.

Elle se composait de MM. de Labouglise, vice-président de l'association; de Saint-Germain, inspecteur-général; de Salis, l'abbé Barraud, Constantin et Perrot. MM. Tierce, ancien directeur des contributions indirectes, et M. Vacher, son successeur, avaient bien voulu se joindre à la réunion officielle.

7

A leur arrivée sur les lieux, ces Messieurs ont été reçus par la commission cantonnale permanente, composée de MM. de Chérisey ; de Maupeou ; Pelletier, maître de poste, fermier de M. le duc de Mouchy ; Simon, régisseur de ses domaines, et Porquier, maire de Silly. Là, se trouvaient aussi plusieurs autres personnes venues dans le but d'assister à l'expérimentation projetée, entre autres M. le curé de Noailles.

Messieurs, le rapport que j'ai l'honneur de vous adresser doit embrasser différents points. J'adopterai, dans le plan de ce travail, l'ordre chronologique, et j'en grouperai les détails autour des trois faits principaux qui ont marqué la présence de votre commission à Noailles, c'est-à-dire, le parcours des travaux, sur la pièce de Leuillère, l'essai des instruments appliqués par M. Vitard au creusement des drains ; enfin, l'inspection de deux terrains soumis précédemment à l'opération du drainage, l'*Etang* et les *Glaises*.

La pièce de Leuillère, d'une contenance de 19 hectares, offre un sol argilo-glaiseux, mêlé de sable jaune très-fin. Humide à la partie basse, elle présente à la partie élevée, une couche de silex peu épaisse, il est vrai, mais se révélant à quelques centimètres de profondeur, et, en quelque sorte, à la surface. Le terrain choisi pour l'épreuve remplissait, donc, toutes les conditions voulues pour qu'elle fût sérieuse et qu'elle opposât aux instruments appelés à fonctionner, tous les obstacles qui peuvent se produire dans les cas ordinaires.

Les travaux, actuellement en voie d'exécution sur cette pièce, ont commencé au mois de novembre dernier. L'hiver, malgré sa rigueur, n'en a point nécessité l'interruption. Ils seront complètement achevés, dans le cours du mois de mars. Votre commission les a visités en détail. En effet, un puissant intérêt s'attache à ces travaux, application intelligente d'une théorie développée avec beaucoup de lucidité par M. Moll, professeur au Conservatoire des Arts et Métiers, à savoir : l'écartement indéfini des drains, à la condition de leur donner une profondeur proportionnée à la distance qui les sépare.

Le phénomène de la capillarité ne se manifeste pas exclusivement en sens vertical. Souvent aussi le mouvement des liquides prend une direction horizontale, sous l'influence de l'attraction moléculaire C'est ce que prouve le suintement qui se produit aux parois d'une tranchée récemment ouverte. Ces parois *pleurent,* pour me servir de l'expression juste et pittoresque de M. Vitard. En effet, si les nappes d'eau qui existent dans le sol, s'élèvent généralement par l'effet de la capillarité, elles s'abaissent aussitôt qu'il est permis au liquide d'obéir à sa tendance naturelle, c'est-à-dire, de *couler.* Or, c'est ce mouvement que provoque l'ouverture des drains, parce qu'alors la loi de la gravitation ou, si l'on veut, de la pesanteur, agissant sur ces nappes conjointement avec l'attraction moléculaire, en détermine le déplacement d'abord, et ensuite l'effluve totale. Plus un corps tombe de haut, plus la chute s'en accélère; par une analogie complète, plus un drain sera profond, plus l'écoulement de l'eau s'effectuera avec promptitude. Ces principes ont servi de règle à M. Vitard, dans l'exécution de ses travaux sur la pièce de Leuil'ère. Les tranchées y ont été graduellement ouvertes à 12, 13, 14, 20, 25 et même 30 mètres de distance. L'évacuation des eaux par ceux des drains qui fonctionnent déjà justifie pleinement la théorie développée par M. Moll. et vient sanctionner la tentative hardie de M. de Cauville, dans le département de Seine-et-Marne.

Une innovation, non moins heureuse, a également obtenu l'approbation complète de votre commission. D'après la méthode ordinaire, les tranchées sont ouvertes dans toute leur étendue, avant la pose des tuyaux, ce qui occasionne de fréquents éboulements, surtout après les fortes pluies, les gelées, ou lorsque le sol n'a pas une grande consistance. Ces accidents n'entravent pas seulement l'opération, ils exigent, en outre, des frais imprévus de main-d'œuvre qui souvent élèvent le prix réel du drainage fort au-dessus de l'estimation primitive. Pour remédier à cet inconvénient, M. Vitard divise la longueur des tranchées, en autant de sections qu'il peut obtenir de pentes égales à la profondeur que doit atteindre le drain. Ce sont, en quelque sorte, des marches d'escalier sur lesquelles l'ouvrier est appelé à opérer successivement. La fouille commence à la limite séparative de la deuxième et de la troisième section. D'abord, elle ne pénètre dans le sol qu'à quelques centimètres, mais elle augmente progressivement, en sorte qu'arrivée au point d'intersection de la deuxième et de la première, elle se trouve avoir atteint la profondeur définitive. On obtient ainsi sur une longueur de 50, 60, 80 ou 100 mètres, suivant l'inclinaison du terrain, une tranchée creusée en moyenne à 0,70, pour laquelle il n'y a aucun éboulement à craindre, si le sous-sol offre quelque consistance. Ensuite, on donne au drain, dans la première section, la profondeur déterminée. Les tuyaux sont placés immédiatement après, puis recouverts sur une hauteur de 0,20 à 0,25, et l'opération se trouve alors assez avancée, pour que l'on n'ait plus aucune crainte à concevoir sur l'effet des pluies qui pourraient survenir avant l'époque du comblement définitif. On procède de la même manière pour le creusement de la troisième section, en commençant à l'extrémité inférieure. Il arrive quelquefois que les eaux provenant de l'écoulement qui a lieu par les sections déjà ouvertes à la partie supérieure de la tranchée, sont assez abondantes pour gêner le travail des ouvriers. Dans ce cas, l'établissement d'un barrage provisoire, ouvrage de quelques minutes, suffit pour détourner le cours des eaux.

Ce procédé, appliqué sur la pièce de Leuillère, permet de drainer toutes les parties hautes du terrain, sans que l'on se trouve, comme par le passé, dans la nécessité d'établir d'abord les collecteurs, et de commencer les travaux à la partie la plus basse, ce qui offrait de grandes difficultés. Il n'exclut d'ailleurs l'emploi d'aucun des instruments que M. Vitard applique à l'opération du drainage.

Tels sont, Messieurs, les résultats constatés d'abord par votre commission sur la pièce de Leuillère. M. Vitard a fait ensuite passer sous vos yeux la série des divers procédés au moyen desquels s'accomplissent, d'après le système adopté par lui, les travaux dans leur ensemble.

Trois instruments ont concouru successivement à cette opération : la charrue tourne-oreille à avant-train, l'araire brabançonne, la charrue fouilleuse.

La charrue tourne-oreille, généralement employée dans le département de l'Oise, a d'abord tracé les rudiments du drain, en ouvrant une raie de la profondeur du labour ordinaire. Deux chevaux et un homme guidé par des jalons plantés sur la ligne, ont suffi pour cette première opération.

Ensuite, est venu le tour de l'araire, dont l'essai avait spécialement motivé le transport de votre commission à Noailles. Le train de cet instrument offre une grande analogie avec l'araire brabançonne, perfectionnée dans les ateliers de Roville, par M. de Dombasle : *flèche* ou *âge* horizontale, *sep* à double mancheron, *support* ou *régulateur* mobile terminé par un *sabot* glissant sur le sol et servant à régler l'entrure, *têtard* crénelé ou *crémaillère* recevant, dans une de ses dents, la chaîne de traction, et modifiant ainsi la direction de l'instrument. Quant à l'armature, c'est-à-dire, à l'ensemble des parties destinées à mordre dans le sol, elle est entièrement due à M. Vitard, et constitue de sa part une véritable invention. Le *soc* en est plat, en forme de fer de lance ou plutôt de *queue de raie* ; le *coutre* fixe, à pointe enfoncée dans le soc, se trouve au milieu du sep et de l'âge ; les versoirs contournés affectent deux formes différentes. La partie inférieure de chacun d'eux est un quart de cône tronqué, et le haut une surface gauche, espèce d'aile de moulin, dont l'écartement est de 0,50.

Placée dans le sillon ouvert par la charrue tourne-oreille, cette araire l'a élargi et creusé à la profondeur de 30 à 35 centimètres. La terre, ameublie et désagrégée sous sa puissante action, était rejetée par les versoirs, façonnés dans le but spécial d'opérer le déblai de la tranchée. La résistance de traction a exigé l'emploi de six chevaux conduits par un homme , outre celui qui maintient l'instrument , en appuyant sur les mancherons.

Cette araire , par la régularité de sa marche et l'énergie de son action , a parfaitement répondu à l'idée que l'on avait conçue de son utilité. Elle est appelée à rendre de grands services , dans l'exécution des travaux de drainage.

Enfin , la charrue-fouilleuse , espèce d'extirpateur à socs plats , dans le genre de celui de M. de Valcourt , a opéré sur le sous-sol , tout en donnant à l'ouverture extérieure du drain , la coupe et la forme convenables. La terre , enlevée rapidement à la pelle par des ouvriers placés derrière l'instrument , a fait descendre la tranchée à une profondeur de 0,60. Or, les drains qui pénètrent le plus dans le sol ne dépassent pas 1 mètre 60 cent. et vont toujours en rétrécissant. Il résulte de là que , par la méthode Vitard , la moitié du travail s'obtient avec le concours des trois charrues que votre commission a vues fonctionner. Faisons observer, en passant, que, pour être appliquée à l'opération du drainage , la fouilleuse a dû subir des modifications indispensables. Dans ce but , on lui a donné une solidité plus grande ; on a relevé le point d'attache , en réduisant le plus possible l'ouverture de l'angle formée par l'âge et par la direction de la ligne de traction. La volée, dans le système ordinaire , traîne sur les terres provenant du drain, et l'angle de traction est d'autant plus ouvert que la charrue fonctionne plus profondément , ce qui exige l'emploi d'une force incomparablement plus grande, tout en augmentant les difficultés que présente la conduite de l'instrument. Restent l'affouillage final et la pose des drains effectués d'après la méthode généralement adoptée en Europe , avec le secours de l'outillage spécial inventé dans ce but. Ces différentes opérations ont été exécutées, séance tenante, avec une perfection rare , par des ouvriers placés sous la direction de contre-maîtres, formés gratuitement par l'ingénieur de l'association.

Les drains se comblent aussi à l'aide d'un instrument particulier. C'est une espèce de herse ou de rateau , en forme d'ancre couchée, qui présente, au premier aspect, quelque ressemblance avec la herse courbe en usage dans le département d'Indre-et-Loire pour l'ameublissement des labours en billons, mais qui en diffère essentiellement par le mécanisme et par la destination. Cette herse, portée sur quatre roues, est armée à la partie antérieure et de chaque côté, dans la direction de la corde de l'arc de cercle, de quatre socs qui divisent d'abord la terre. Deux rangées de dents plates, placées dans les ailes, la ramènent ensuite dans la tranchée. Les roues d'avant sont à pivot et permettent de tourner en tout sens; celles de l'arrière sont à crémaillère, se baissant et se relevant à volonté pour servir de régulateur. Cette herse permettra de combler en un jour toute la longueur des tranchées qu'exige ordinairement le drainage de dix hectares. La commission aurait vu avec plaisir fonctionner cet intéressant instrument; mais, le temps dont elle pouvait disposer, ne le lui a point permis. Toutefois, elle a pu constater le résultat de son travail par l'inspection des drains récemment fermés.

L'idée de la herse à combler les drains appartient tout entière à M. Vitard. Il a droit d'en revendiquer l'invention à aussi juste titre encore que celle de la charrue à double versoir. Si nous avons établi, quant à sa forme extérieure, une comparaison entre cette herse et celle qui est en usage dans l'Indre-et-Loire, c'était pour aller au-devant du parallèle que l'on pouvait en faire, et démontrer qu'il existe une différence radicale entre les deux instruments. A son tour, la fouilleuse Bazin aurait refusé sa coopération aux travaux du drainage, si elle n'avait été modifiée et complétée par votre ingénieur.

Avant de quitter la pièce de Leuillère, MM. les membres de la commission, se sont transportés sur la partie basse du terrain, au point de réunion des tuyaux collecteurs. Là, ils ont vu l'eau des champs déjà drainés, s'échapper en fontaine artificielle claire, limpide et dégagée de toutes les substances qu'elle pouvait primitivement contenir en suspension. Une commune, privée de source naturelle, pourrait certainement y suppléer au moyen d'un système de drainage pratiqué sur une vaste étendue, d'après lequel les tubes collecteurs convergents sur le même point se dégorgeraient dans un déversoir commun, formant ainsi un véritable cours d'eau, intarissable peut-être, mais à coup sûr alimenté par les drains les trois quarts de l'année.

Messieurs, les essais dont votre commission a été témoin, à Noailles, auront, sans doute, un jour, leur page dans l'histoire du drainage, en France. Ils ont, en quelque sorte, inauguré une ère nouvelle pour cette utile découverte. Qui peut douter de l'influence que doit avoir, sur son avenir, l'emploi des forces animales et des moyens mécaniques? Souvent le cultivateur reconnaît l'avantage d'une méthode ou d'une opération, mais, il recule devant la mise de fonds qu'elle exige. Or, substituer, dans ce cas, son concours personnel au sacrifice d'argent, lui fournir le moyen d'intervenir directement dans ces travaux, par ses bêtes de trait, par le personnel de son exploitation, n'est-ce pas faire tomber le principal obstacle à la vulgarisation de ce système d'assainissement?

Qu'on se figure les diverses opérations que je viens de décrire, s'exécutant simultanément sur une vaste échelle, et l'on se fera une idée de l'impulsion, de l'activité que cette méthode est susceptible d'imprimer au drainage. Si plusieurs communes, si un canton s'associaient pour faire l'acquisition des nouveaux instruments à drainer, mis en œuvre sous les auspices de votre association, bientôt la surface territoriale d'un arrondissement, d'un département même, jouirait, en totalité, des immenses avantages que le drainage promet à l'agriculture. Chaque commune trouverait chez elle les ressources nécessaires. Il suffirait de l'étude du terrain, des plans dressés par l'ingénieur, et d'un ou deux contre-maîtres chargés de la direction et de la surveillance des travaux.

De plus, cette méthode abaisse de moitié le chiffre des frais de main-d'œuvre. M. Vitard estime à 160 francs par hectare le prix du drainage exécuté dans les conditions normales,

sur un sol de résistance moyenne, avec espacement et profondeur ordinaires. Quant à moi, je ne puis mieux formuler
mon opinion à ce sujet, qu'en disant qu'au point de vue de
l'économie et du *temps*, le *drainage à la mécanique, est au
drainage à main d'homme, ce que le labour à la charrue est
au labour à la bêche.*

L'écartement des drains devient à son tour une autre source
d'économie non moins positive, car le travail qu'exige l'augmentation de la profondeur ne saurait entrer en comparaison
avec l'avantage, qui résulte d'un espacement en vertu duquel
le nombre des tranchées se trouve réduit d'un tiers.

Ces heureuses innovations appartiennent à l'association de
l'Oise, et en particulier à M. A. V., l'habile et dévoué directeur de ses travaux. Jusqu'ici le concours des instruments mus
par les animaux de trait, n'avait point été érigé en système
pratique dans l'opération du drainage.

Loin de nous, toutefois, l'idée de prétendre que ce système
n'admette aucune exception. Il va sans dire que, lorsqu'il
s'agit de drainer des terrains extrêmement humides, des ma-
récages, des tourbières, le travail de l'homme est alors seul
possible. Il va sans dire encore que, quand le sous-sol est
formé d'un lit de pierre ou de silex, quand on opère sur un
terrain nouvellement défriché et embarrassé de racines,
l'emploi de l'araire et de la charrue fouilleuse demande de
l'expérience, des précautions, et que, pour pénétrer à la même
profondeur, il est nécessaire de donner à la traction une force
plus considérable. Mais ce ne sont là que des exceptions. Si
l'emploi des moyens en question est, en général applicable, s'il
est d'un usage ordinaire, le but est atteint. Or, l'expérience le
prouve.

Le drainage ainsi pratiqué offre donc d'inappréciables avantages. Nul doute que cette méthode ne contribue plus puissamment que toute autre cause à populariser, et, si je puis le
dire, à acclimater, en France, cet admirable procédé de ferti-
lisation. Depuis longtemps les économistes cherchent la solu-

tion du problème le plus important des temps modernes, celui d'assurer l'existence de ces immenses populations, triple couche de générations que quarante ans de paix ont accumulées sur le sol. Avoir résolu le problème du *drainage à bon marché*, n'est-ce pas avoir fait un grand pas vers la solution de cet autre problème qui intéresse l'humanité à un si haut point, *la vie à bon marché!* En rendant *toutes* les terres productives, en faisant produire à *toutes tout* ce qu'elles sont capables de produire, n'est-ce pas rendre presque impossibles ces crises alimentaires qui, par intervalles, viennent affliger la France, et provoquer, par une conséquence fatale, des crises commerciales et financières? N'est-ce pas enfin affranchir notre belle patrie du tribut que lui impose trop souvent le déficit de la production indigène et empêcher l'exportation du numéraire à l'étranger?

Ne vous étonnez donc point si les journaux de la capitale ont pris votre œuvre au sérieux, si le Gouvernement, si la France ont l'œil sur vous. L'avenir est dans cette œuvre.

Après l'essai des instruments, il ne restait plus à votre commission qu'à constater l'effet du drainage, sur des terrains soumis précédemment à cette opération. C'est dans ce but qu'elle s'est transportée sur deux pièces qui, par la nature de leur sol et leur gisement, se trouvent dans des conditions diamétralement opposées, quoique voisines, l'*Etang* et les *Glaises*.

Votre commission cantonnale, Messieurs, vient de vous adresser à ce sujet un rapport dont les appréciations ont une autorité bien au-dessus de la nôtre. En effet, elle a vu ce qui était et elle voit ce qui est; elle juge le présent par le passé. Nous, au contraire, nous n'avons pu constater que l'état actuel de l'*Etang* et *des Glaises*. Admettons donc tout d'abord, sur la foi de son expérience, l'expression dont elle s'est servie. Les effets résultant de l'opération du drainage sur ces pièces a été *prodigieux*.

L'*Etang*, terrain encaissé et environné de pentes rapides,

est coupé, dans sa longueur, par un canal réservé. Cette pièce, vrai marécage, se refusait, depuis 25 ans, à toute culture. Aujourd'hui le sol en est parfaitement assaini, meuble, profond. Elle offre d'un côté du canal un magnifique champ de blé. Nous avons appris de M. Pelletier que, sur le reste de la pièce, il avait récolté, l'automne dernier, de superbes betteraves. Chose remarquable! ce terrain, autrefois si marécageux, s'est prêté à l'arrosage et à l'irrigation, tant est complète l'absorption produite par les drains !

Un guide inattendu s'est offert à votre commission pour la conduire aux *Glaises*. Je veux parler d'un tuyau collecteur, remontant à son point de départ, en traversant plusieurs propriétés non drainées qu'il nous a fallu parcourir. Au-dessus, la végétation est déjà en travail et forme une espèce de ruban vert sur cette surface, qui, partout ailleurs, ne présente que des brins de gazon desséché attestant le sommeil de la nature.

Ce phénomène appelle toute l'attention de l'observateur. Est-il produit par le défoncement à la suite duquel s'est opéré le mélange de la silice et du gravier avec l'argile? Résulte-t-il directement du drainage? Il faut, je crois, dans cette circonstance, faire la part de chaque cause. Les tuyaux, faisant office de suçoirs, déterminent un mouvement de capillarité descendante, et, par conséquent, l'introduction plus énergique des agents atmosphériques dans les entrailles du sol. Or, c'est sous leur action que s'élaborent les aliments solubles des végétaux. Il peut donc se faire que la puissance absorbante des drains provoque le réveil de la végétation, non-seulement en faisant disparaître l'humidité qui la paralyse, mais encore en facilitant le jeu des agents qui la déterminent. D'un autre côté, il est incontestable que le bouleversement causé par la charrue fouilleuse dans les éléments divers du sol, le mélange qui en résulte, contribuent puissamment à l'ameublir, à le rendre poreux, et, par conséquent, à favoriser le phénomène de la végétation. Au reste, le même ef.et avait déjà été remarqué sur la pièce de Leuillère, au-dessus des tranchées fermées en automne (1).

La pièce des *Glaises* est ainsi nommée de la nature du sol, argile smectique, pâteuse, compacte et enroulant les silex à quelques centimètres de profondeur. Elle est diversement nuancée, employée, dans les fabriques, au dégraissage des tissus laineux, et, à Paris, dit-on, pour la composition de certaines couleurs. Dans de telles conditions, le sol est imperméable, au plus haut degré. Aussi, n'avait-elle donné que deux bonnes récoltes dans l'espace de trente-deux ans. Extrêmement dure en été, la terre se pelotonnait, en automne et au printemps, sous l'action de la charrue traînée par quatre chevaux. Aussi, avait-on renoncé à la cultiver, et, pour la plupart du temps, elle ne fournissait au bétail qu'un très maigre pâturage. Le relief de cette pièce opposait de grands obstacles à l'opération du drainage. L'expérience et l'habileté de votre ingénieur, ont su en triompher.

Aujourd'hui, la culture des *Glaises* n'offre pas plus de difficultés que celle des terrains ordinaires. Le sol en est devenu meuble, perméable et, en quelque sorte, soulevé. Quoique le temps fût pluvieux, les membres de votre commission ont pu traverser cette pièce, sans que la terre s'attachât fortement aux chaussures. Emblavée dans le mois d'octobre dernier, elle

(1) Dans les contrées alluviales, disent MM. A. Gente et d'Orbigny (Géologie appliquée aux arts et à l'agriculture, — agents naturels de la végétation), il arrive quelquefois que le sol se trouve épuisé de certains principes nécessaires à la végétation, tandis que le sous-sol ne les a point encore perdus. En ce cas, on peut renouveler la fertilité du premier, en le mêlant avec le second; c'est ainsi que dans le Midi de la France, à l'embouchure du Rhône, un profond défoncement pratiqué dans quelques propriétés, pour extraire des racines de garance, a produit une grande amélioration du sol.

Cependant, lorsque, par suite du tassement, le sous-sol est devenu imperméable, il est moins fécond. Cela s'explique par la privation plus ou moins complète des influences atmosphériques; mais, exposé à l'air pendant quelque temps, il s'améliore progressivement, car toutes les couches limoneuses ou alluviales deviennent très-productives après avoir atteint, à l'air libre, un certain degré d'oxygénation.

offre un blé de belle apparence et dont le vert sombre atteste
la vigueur. La plante s'étale à la surface, et chaque pied promet plusieurs tiges. Au reste, personne n'ignore que ce n'est
point à cette époque de l'année que l'effet du drainage est très
apparent sur les végétaux Votre commission n'avait à constater que l'état du sol. Elle l'a trouvé dans une condition
d'assainissement aussi prononcé que pouvait le permettre
l'humidité de la température, à cette époque de l'année.

Il me reste, Messieurs, à mentionner un dernier résultat
obtenu par l'association de l'Oise, résultat purement moral,
il est vrai, mais plus important peut-être pour l'avenir du
drainage, que tous les succès matériels qui ont couronné vos
efforts. Il est devenu l'objet d'une vive foi, d'une sympathie
prononcée de la part des populations agricoles. Faut-il le dire?
trop souvent les essais d'amélioration et de procédés nouveaux, adoptés par les grands propriétaires dans un but d'u-
tilité générale, ne sont accueillis par elles qu'avec défiance. Le
vulgaire n'y voit qu'un caprice de l'opulence. Oui, tant qu'une
méthode n'est point sortie du domaine de la science et de la
richesse, il est impossible de se prononcer sur son avenir et
de décider si elle est née viable. Mais dès qu'elle abandonne
les hauteurs sociales pour descendre jusqu'au peuple, dès que
celui-ci l'adopte et lui dit : *Tu es mienne*; alors, plus de
doute; la Providence veut qu'elle vive. C'est un bienfait que
Dieu réserve à l'humanité. Dans le département de l'Oise, le
drainage a subi, avec succès, cette épreuve décisive. Propriétaires, fermiers, ouvriers, tous ont été frappés de la lumière.
Opposants de la veille, apôtres du lendemain, ils proclament,
aujourd'hui, l'utilité de cette découverte et concourent, chacun dans la mesure de son influence, à ses progrès, à son extension, en le mettant en pratique et en le conseillant aux
autres. A Noailles, ces braves gens, dans leur zèle de néo-
phyte, n'écoutaient, qu'avec un mouvement d'impatience, les
observations que quelques-uns des membres de votre commission adressaient à M. A. V., dans le but de s'éclairer, et

auxquelles , du reste , celui-ci répondait avec toute la lucidité possible.

Cet assentiment général de la part des populations agricoles n'a rien que de naturel. Non-seulement elles constatent de leurs propres yeux l'heureux effet du drainage sur les terres soumises à cette opération , mais encore elles s'aperçoivent que celles qui sont contiguës en profitent à leur tour, ce qui , pour le dire en passant , est une preuve de plus , en faveur de l'écartement des drains. Nous en avons recueilli l'aveu de la bouche de quelques-uns des propriétaires des pièces voisines , et nous avons pu nous en assurer nous-mêmes.

Enfin , votre commission a reconnu aussi que la terre du sous-sol, extraite du fond des tranchées , ne tardait pas à acquérir, sous l'influence de l'air, une puissance végétative égale à celle de la couche supérieure. Dans le principe , M. Vitard faisait séparer l'humus du sous-sol . dans le creusement des drains , et il avait disposé les ailes de sa herse de manière à ce que la terre végétale se trouvât replacée à la surface lorsque le comblement avait lieu. Il a renoncé à cette précaution, depuis que l'expérience lui en a démontré l'inutilité.

Jouissez donc, Messieurs . dès maintenant, des heureux résultats de votre œuvre. Vous recevez des marques de sympathie de la part de tous les hommes éminents qui s'occupent de la grande question du drainage. Ils viennent étudier vos travaux , échanger leurs idées avec les vôtres , vous éclairer de leur expérience et de leur savoir, profiter à leur tour du progrès que vous doit cet art utile.

Déjà de tous les coins de la France on vous consulte, on s'inspire de vos inspirations. Les associations qui cherchent à se fonder, dans les départements, prennent la vôtre pour modèle et adoptent vos statuts.

Le Gouvernement vous a donné des preuves non équivoques de l'intérêt qu'il porte à votre œuvre, et hier, l'Académie nationale agricole décernait une médaille d'honneur à votre association, comme l'avaient déjà fait précédemment le jury du concours d'Amiens et celui du congrès de Valenciennes.

Qu'il en jouisse à son tour le magistrat éminent auquel est confiée l'administration du département de l'Oise. Aucune des pensées fécondes qui se révèlent parmi vous ne lui est étrangère. Partout il les encourage et leur donne l'impulsion. Le vœu qu'il émettait à Chaumont, est réalisé dès aujourd'hui : demain il sera dépassé.

Le Membre de la Commission chargé du Rapport,

PERROT.

Approuvé par les Membres de la Commission.

BERTRAND-GESLIN, DE LA BOUGLISE, A. CONSTANTIN, BARRAUD, DE SAINT-GERMAIN, DE SALIS.

HISTORIQUE

DE LA

FONDATION DE L'ASSOCIATION DE L'OISE.

Extrait des délibérations du Conseil d'arrondissement du 4 août 1851.

Le Conseil verrait avec un grand intérêt la propagation de l'emploi du drainage dans l'arrondissement, et l'association proposée par M. Vitard, pour obtenir le résultat désiré.

D'un acte passé devant Mᵉ Dumont, notaire à Beauvais, le 14 août 1851, il résulte qu'une association agricole de drainage pour le département de l'Oise, est constituée dans le but de propager les méthodes d'assainissement appliquées en Angleterre, en Belgique et dans quelques contrées de la France, et de procurer le plus d'ouvrage possible aux ouvriers qui se trouveraient sans travail, pendant la mauvaise saison.

Dans sa séance du 14, l'association a nommé son conseil d'administration, qui se trouve composé comme suit :

M. le Préfet, président honoraire.

M. de Noailles de Mouchy, conseiller général et représentant du peuple, président.

M. de la Bouglise, directeur de l'enregistrement et des domaines, et M. Lequesne, ancien maire et conseiller municipal de Beauvais, vice-présidents.

M. de Saint-Germain, maire de Saint-Germain-la-Poterie et conseiller d'arrondissement, inspecteur.

M. Esmangard-Baudry, membre du conseil municipal de Beauvais, trésorier.

M. Emile de Corberon, maire de Troissereux, et M. Leclerc, maire de Trie-Château, conseiller d'arrondissement, inspecteurs-adjoints;

M. Vitard, agent-voyer principal de l'arrondissement de Beauvais, secrétaire général.

Extrait du rapport de M. le Préfet, fait au Conseil général de l'Oise, dans sa séance du 25 août 1851.

J'ai la satisfaction de vous annoncer qu'une société composée d'hommes honorables et mus par le seul désir du bien public, vient de se fonder à Beauvais pour y encourager le *drainage* dans tout le département. Elle espère que vous lui viendrez en aide et que vous doterez le département de quelques machines à drainer qui seraient à l'usage de tous les arrondissements, et dont la société ne pourrait faire l'achat sur ses faibles ressources.

Extrait du rapport fait au Conseil général, par M. de Tocqueville, sur le drainage, dans sa séance du 29 août 1851.

Messieurs,

Le principe du drainage, c'est-à-dire de l'assainissement des terres humides et à sous-sol imperméable, était connu et mis en pratique par les peuples les plus anciennement civilisés, son nom seul est nouveau; on en retrouve partout les traces dans les contrées qui ont porté les premières sociétés humaines, et il s'est perpétué à travers les siècles, bien que son application ait été beaucoup plus rare chez les peuples les plus modernes. Parmi ces derniers, celui qui est entré le plus largement dans cette voie d'amélioration du sol, c'est le peuple anglais. Depuis plus d'un demi-siècle déjà, il se livrait à des travaux importants d'assainissement, lorsque la découverte de procédés nouveaux plus parfaits, plus prompts et plus économiques que ceux précédemment employés, ont tout à coup multiplié les opérations et fait apparaître des résultats inattendus. Le gouvernement anglais, avec cette merveilleuse intelligence des intérêts pratiques qu'il possède, a immédiatement compris qu'il y avait là le secret d'un immense développement de vitalité, c'est-à-dire de puissance nationale, et il a avancé près de cent millions à l'agriculture anglaise pour la seconder dans ses nouveaux efforts.

Eh bien ! Messieurs, ce que le gouvernement anglais et bientôt après le gouvernement belge ont fait pour vulgariser les principes et la pratique du drainage, il s'agit de le faire à notre tour.

Le Gouvernement se montre disposé à encourager l'agriculture dans cette voie. L'Assemblée législative lui prêtera, elle l'espère, un puissant appui. Enfin, M. le Président de la République lui a donné des témoignages de l'intérêt personnel qu'il prend aux opérations du drainage, et il a bien voulu, en particulier, s'associer aux premiers efforts tentés à cet égard dans notre département par une de nos sociétés d'agriculture, celle de l'arrondissement de Compiègne.

C'est, Messieurs, dans ces favorables circonstances qu'une association agricole de drainage vient de se former sous les auspices du premier magistrat de votre département et sous la présidence d'un de nos collègues.

Votre quatrième commission, après avoir attentivement étudié les vues de cette association et pris connaissance de ces statuts, n'hésite pas à en reconnaître l'utilité et à vous proposer de lui accorder votre concours.

C'est, Messieurs, pendant l'hiver que nos ouvriers ruraux manquent quelquefois de travail ; c'est pendant l'hiver que, s'ils sont chargés d'une nombreuse famille, ils épuisent les ressources qu'ils ont pu accumuler pendant la belle saison ; c'est alors que la misère, que la souffrance, que la privation les atteint, et c'est alors aussi peut-être que quelques-uns peuvent ouvrir leurs oreilles et leurs cœurs à ces principes pervers et à ces théories anti-sociales qui rôdent autour de tous les mécontentements, de tous les découragements, de toutes les haines, pour s'en emparer et les surexciter, de toutes les plaies pour les envenimer. Eh bien ! Messieurs, c'est pendant l'hiver, c'est dans la morte-saison, que s'exécutent les travaux du drainage. N'est-il pas permis de voir là, la solution, qu'on pourrait appeler providentielle, d'un problème dont le Gouvernement, dont les hommes d'État se préoccupent à juste titre, et qui était depuis longtemps l'objet de l'étude constante des économistes et des agriculteurs eux-mêmes ?

Dans l'opinion de votre commission, l'association de drainage obtiendrait le premier but, celui de la diffusion des principes de cette opération agricole, en publiant et répandant gratuitement, parmi les agriculteurs, par l'intermédiaire des sociétés et des comices agricoles, un *Manuel du Draineur,* clair, concis, pratique et peu volumineux (1).

En terminant, Messieurs, votre commission vous présentera une dernière considération : certaines dispositions de terrain pourront rendre, dans beaucoup de cas, l'application du drainage impossible par la résistance qu'opposeront les propriétaires voisins à l'écoulement des eaux surabondantes à travers leur champ, alors même quelquefois que celui-ci devrait profiter du bénéfice de cette opération. Votre commission est convaincue que, dans ce cas, celui qui se livre à l'opération du drainage serait en droit d'invoquer l'article 5 de la loi du 29 avril 1845 sur les irrigations. Cependant, comme cette application nouvelle de la loi pourrait être l'objet de quelque hésitation de la part des tribunaux, votre quatrième commission vous propose, Messieurs, d'émettre le vœu que les dispositions de cette loi, en ce qui concerne l'écoulement des eaux nuisibles, soient applicables au drainage.

Pour se résumer, votre commission a l'honneur de vous proposer :

1° De concourir aux vues utiles de l'association agricole du drainage, en votant l'allocation de 2,400 fr. portée au budget pour l'acquisition de quatre machines à fabriquer les tuyaux de drainage, qui seraient distribuées dans chaque arrondissement ;

2° D'émettre le vœu que, par décision du Pouvoir législatif, les dispositions de la loi du 29 avril 1845, relatives à l'écoulement des eaux nuisibles, soient applicables au drainage.

Conformément aux conclusions de la quatrième commission, le Conseil vote au sous-chapitre XIX, article 31, la somme de 2,400 fr., à titre de subvention, à la Société du drainage pour achats d'appareils ;

---

(1) C'est pour obéir, en partie, à ce vœu d'un homme de bien, de cœur et d'intelligence, que l'auteur de ce Manuel a pris la plume, encore une fois ; sa tâche était quelque peu ingrate. L'avenir dira s'il l'a bien remplie.

Et en outre, émet le vœu « que par décision du Pouvoir
» législatif, les dispositions de la loi du 29 avril 1845 soient
» applicables au drainage (1). »

Le Conseil vote l'insertion textuelle du rapport de M. de
Tocqueville au procès-verbal.

Conformément au désir exprimé par la commission, M. le
Président, sur l'invitation du Conseil, désigne MM. Gérard et
Hubert pour aller visiter les opérations du drainage entre-
prises à La Chapelle-aux-Pots.

Le Conseil accueille avec empressement la demande faite
par M. le Président de pouvoir s'adjoindre aux deux com-
missaires.

————————

Extrait du rapport fait au Conseil général, par M. de Toc-
queville, dans la séance du 1er septembre 1851.

Messieurs,

Vous m'avez fait l'honneur de me désigner, ainsi que l'honorable
M. Gérard, pour aller visiter, en votre nom, les travaux de drainage qui s'exécutent chez M. Herbé, cultivateur très-intelligent,
qui exploite la ferme de l'Huyère, commune de La Chapelle-aux-
Pots.

Votre honorable Président a bien voulu s'adjoindre à nous, et
nous étions accompagnés de M. Vitard, agent-voyer de l'arrondissement de Beauvais ; c'est le résultat de cette visite que je vous demande la permission de mettre sous vos yeux.

Les travaux entrepris par M. Herbé sont les premiers qui s'exécutent dans notre département sous la direction de l'association agricole de drainage, en faveur de laquelle vous avez voté, dans une
de vos dernières séances, une allocation de 2,400 fr.

L'étendue du terrain à drainer est de 50 hectares ; la déclivité du
sol, quoique variable, est partout très-sensible ; la couche arable,

(1) Le Conseil général de l'Oise, est le premier qui se soit prononcé si
catégoriquement, en faveur d'une loi protectrice. C'est un fait à citer en
son honneur ; c'est une preuve de la constante sollicitude de cette assemblée, pour les intérêts agricoles du département.

d'une quantité médiocre, présente une épaisseur de 50 à 40 centimètres environ et repose sur un sous-sol de glaise siliceuse ; le terrain offre une résistance moyenne et ne paraît pas contenir de corps solides ; un large fossé qui se décharge lui-même dans la petite rivière d'Avelon reçoit toutes les eaux.

Il est donc difficile d'opérer dans des conditions plus favorables.

Le sol de la pièce où s'ouvrent, en ce moment, les tranchées, est couvert d'une prairie artificielle entièrement médiocre et qui abonde en plantes marécageuses dont les racines pénètrent à plus d'un mètre de profondeur.

Les ouvriers employés aux travaux appartiennent au pays, et quoique récemment initiés à des opérations délicates et variées, toutes nouvelles pour eux, ils s'en acquittent avec un perfectionnement qui témoigne chez eux d'une remarquable intelligence.

Nous avons constaté, Messieurs, que l'eau s'écoulait sans interruption dans le large fossé dont il a été parlé plus haut.

En résumé, le résultat de cette première opération nous a paru parfaitement satisfaisant de tous points ; le succès le plus complet ne paraît pas douteux, et déjà les cultivateurs voisins expriment hautement l'intention de faire exécuter chez eux des travaux de drainage.

M. Lemaire ajoute qu'ils sont revenus avec le sentiment d'une opération ingénieuse, et qui, après tout, n'était pas encore bien connue, et surtout n'était pas mise en pratique.

Le Conseil décide que le rapport de M. de Tocqueville sera inséré au procès-verbal.

ÉTAT NOMINATIF

DES

MEMBRES DE L'ASSOCIATION AGRICOLE DE DRAINAGE

POUR LE DÉPARTEMENT DE L'OISE.

NOTA. Tous les noms des Membres de l'Association, qui ont accordé leur concours pour la publication du Manuel, sont précédés d'un astérisque.

Fondateurs qui ont souscrit pour une somme de **200** *fr.*

MM.

1. *AUMONT, éleveur à Chantilly.
2. *AUGER fils, Propriétaire-Cultivateur à Heulecourt.
3. *BACLÉ, Maire de Villers-Saint-Barthélemy.
4. *DE LA BOUGLISE, Directeur de l'Enregistrement et des Domaines.
5. *BERTAUX, Maire de Talmontiers.
6. BOULNOIS, Propriétaire à Saint-Thibault.
7. BOULNOIS (Prudent), à Sarcus.
8. *BOTTAIS, Notaire à Formerie.
9. *BRETON, Propriétaire à Grémévillers.
10. *BRETON, Propriétaire à Ponchon.
11. *CAVREL-BOURGEOIS, Manufacturier à Beauvais.
12. *COEFFIER, Maire de Ville-en-Bray.
13. CRÈVECŒUR (Jean-François), à Bachivillers.
14. *DANJOU, Juge, Vice-Président du Tribunal d'appel.
15. DAVID, Agent-voyer à Beauvais.
16. DELAMARRE (Auguste), à Sarcus.
17. *DUMONTIER, Juge de paix à Beauvais.
18. DUPUIS-LELONG fils, Propriétaire à Saint-Arnoult.

19. *Durand-Porquier, Négociant à Beauvais.
20. Esmangard-Baudry, Conseiller municipal, Juge suppléant à Beauvais.
21. *Fabignon, Juge suppléant à Beauvais.
22. *De Saint-Germain, Conseiller général.
23. Gervais, Maire de Villers-sur-Auchy.
24. *Gibert, Receveur général de l'Oise.
25. *Gignoux (Armand-Joseph), Evêque de Beauvais, Noyon et Senlis.
26. *Godefrin, Maire de Dargies.
27. *Guérard, Agent d'affaires à Beauvais.
28. *Herbé, Maire de La Chapelle-aux-Pots.
29. Julien (Prudent), à Sarcus.
30. *Laffineur-Roussel, Négociant à Beauvais.
31. Langlet, Agent-voyer à Clermont.
32. Langlois, Maire de Canny-sur-Thérain.
33. *Le Baron de Corberon, Député, Maire de Troisscreux.
34. *Le Baron de La Tour-du-Pin, Propriétaire à Villers-Saint-Barthélemy.
35. *Le Baron de Plancy, Membre du Corps-Législatif.
36. *Le Comte de Chérisey, Conseiller d'arrondissement.
37. *Le Comte des Courtils, Maire de Thérines.
38. *Le Comte de La Ferronays, Propriétaire à Trie-Château.
39. *Le Comte de Salis, Conseiller d'arrondissement à Beauvais.
40. *Le Duc de Mouchy, Sénateur, Conseiller général.
41. *Lebesgue, Propriétaire à Savignies.
42. *Leclerc, Conseiller d'arrondissement, Maire de Trie-Château.
43. Lecoutre, Agent-voyer chef à Clermont.
44. *Lefort, Maire de Puiseux-en-Bray.
45. Léger fils, Propriétaire à Ons-en-Bray.
46. *Lemaitre, Agent-voyer à Méru.
47. *Lemareschal de Grasse, Maire de Warluis.
48. *Le Marquis d'Espiès, à Omécourt.

49. Le Marquis DE CORBERON, Propriétaire.
50. *Le Marquis DE GROSLIER, au Plessier-de-Roye.
51. *Le Marquis DE SAINT-CLOU, Propriétaire à Paris.
52. *Le Marquis DE VILLETTE, à Sarron.
53. *Le Marquis DE SAINT-SOUPLET, Maire de Lavilletertre.
54. *Le Comte DE L'AIGLE (Henri), à Tracy-le-Mont.
55. *LEPÈRE, Ingénieur en chef de l'Oise.
56. *LEQUESNE, Membre du Conseil général.
57. LEVIÈLE (Grégoire), Maire de Sarcus.
58. *MARLÉ (Zozime), Notaire honoraire, Conseiller d'arron-
       dissement.
59. *MICHEL-WALON, Conseiller général.
60. *ODIOT, Orfèvre à Paris.
61. *PATIN, Agent-voyer à Beauvais.
62. *PELLETIER, Maître de poste à Noailles.
63. *PLÉ, Membre du Conseil général.
64. *PRÉVOST, Conseiller d'arrondissement à Chantilly.
65. *ROUSSEL, Maire d'Oudeuil.
66. SÉBERT, Agent-voyer en chef à Compiègne.
67. *TANTON, Agent-voyer à Feuquières.
68. *VITARD, Agent-voyer chef à Beauvais.
69. *VUATRIN fils, Propriétaire à Beauvais.

*Souscripteurs qui se sont engagés à verser une somme de 50 fr.
 ou qui ont fourni gratuitement des instruments aratoires
 pour une somme d'autant, au moins.*

   MM.
1. BAZIN, Directeur de la Ferme-Ecole, au Mesnil-St.-Firmin.
2. BUQUET, Maire d'Ully-Saint-Georges.
3. *DUMONT, Notaire à Beauvais.
4. *DUMOULIN-BRIET, Maire de Bresles.
5. *GRAVET-ZEUDE, Maire de Feuquières.
6. GUIBOURG, Membre du Conseil général.
7. HETTE, Directeur de la Ferme-Ecole de Bresles.
8. *LAFFINEUR, Agent-voyer à Beauvais.

9. Le Fèvre , Agent-voyer à Creil.
10. Lefèvre , Agent-voyer à Crépy.
11. Lemaire-Esmangard , à Beauvais.
12. *Letheux , Agent-voyer à Chaumont.
13. Loizon , Agent-voyer à Breteuil.
14. Le Duc de Crillon , Membre du Conseil général.
15. *Le Baron Mounier , Sous-Préfet de Senlis.
16. Le Baron Sellière (Achille) , Propriétaire à Mello.
17. *Le Comte de Poret , de Rozières.
18. *Péron , Agent-voyer chef à Senlis.
19. *Roussel , Maître de pension à Beauvais.

Comité de Rédaction.

MM. De La Bouglise , Président de l'association.
De Saint-Germain , Inspecteur général de l'association.

Perrot , Constantin, } Professeurs du Collége de Beauvais , seuls Membres honoraires , avec M. le Préfet de l'Oise et M. de Tocqueville.

Vitard , Secrétaire-Trésorier , rédacteur.

Composition du Conseil d'Administration.

MM. Le Préfet de l'Oise , Président honoraire.
Le Duc de Mouchy , Président titulaire.
De La Bouglise , Vice-Président , chargé des fonctions de Président.
Lequesne , Vice-Président.
De Saint-Germain , Inspecteur général.
Le Baron de Corberon , Inspecteur-adjoint.
Leclerc , Inspecteur-adjoint.
Esmangard-Baudry , Membre.
Vitard , Secrétaire-Trésorier , chargé des études et de la direction des opérations.

Service de l'Inspection.

MM. De Saint-Germain, Inspecteur général du S. O.

Le Baron de Tocqueville, Inspecteur général de la région N.-E.

Le Marquis de Groslier, Inspecteur général du canton de Lassigny.

Baclé, Inspecteur du canton d'Auneuil.

Lebesgue,	*id.*	de Beauvais.
Herbé,	*id.*	du Coudray-St-Germer.
Lefort,	*id.*	
Le Marquis d'Espiès,	*id.*	de Formerie.
Dupuis,	*id.*	
Boulnois,	*id.*	de Grandvilliers.
Godefrin,	*id.*	
Le Comte de Chérisey,	*id.*	de Noailles.
Pelletier,	*id.*	
Coeffier,	*id.*	de Songeons.
Breton,	*id.*	

NOMS DES PERSONNES

Qui, à part les Membres de l'Association agricole de Drainage de l'Oise, désignés dans la Liste précédente, ont accordé leur concours pour la publication du Manuel populaire.

NAPOLÉON III, Empereur des Français, Protecteur de l'Agriculture.

MM. BASTIEN, ancien Notaire, Maire de Delme (Meurthe).

BEAURIN, à Margny-les-Compiègne.

BOHOREL, Médecin à Campeaux.

CONSTANTIN, Professeur d'Histoire au Lycée de St-Omer.

CONTANT fils, Maire de Mureaumont.

COURTY, Maire de Saint-Quentin-des-Prés.

CRIGNON-MAUGÉ, Banquier à Marseille.

CRESSONNIER, de Bouricourt.

DE COMEAUX, Conseiller à Nancy (Meurthe).

DE LA BOUGLISE, à Compiègne.

DE MYTHON, Maire de Marseille.

DESLOGES, Maire de Senantes.

DESMAREST, Maire d'Haudivillers.

DAMAINVILLE, Membre du Conseil général.

DIRECTEUR DES ECOLES CHRÉTIENNES, le très-cher Frère MÉNÉE.

DOURDAIN, Membre du Conseil général.

DUCROCQ, Maire de Songeons.

DURAND, Maire de Bornel.

FLOURY, Rédacteur et Propriétaire du *Journal de l'Oise.*

FOUCAULT, Régisseur de M. Gibert.

FROLICH, Directeur de l'Usine de Montataire.

GALLEMAND, Avocat, Propriétaire (Manche).

GUESNET, Maire de Carlepont.

MM. Journault, Chef de Bureau au Ministère de la Maison de l'Empereur.

La Bastide, Recteur de l'Académie de l'Oise.

Lanérard, Payeur (Haute-Saône).

Le Baron d'Haussez, ancien Ministre, à St-Saëns (Seine-Inférieure).

Le Baron de Landre, Président du Comice de Vouziers.

Lebesgue, Propriétaire à Haute-Epine.

Le Brun, Propriétaire à Saint-Pierre-ès-Champs.

Le Comte de Scitiveaux, Propriétaire (Meurthe).

Le Forestier, Propriétaire (Aisne).

Legrand, Propriétaire à Ferrières.

Lemaire, Député de l'Oise.

Le Noel, Principal du Collége de Beauvais.

Le Roy-Devillers, Maire de Broquiers.

Le Tailleur, Maire de Wambez.

Le Roux, Propriétaire à Ferrières.

Le Vicomte de Van-Leempoel, ancien Sénateur belge, Directeur de la Fabrique de Quiquengrogne.

Lucet fils, Propriétaire à Monceaux-l'Abbaye.

Mazand, Juge de Paix d'Auneuil.

Obré, Vicaire-Général du Diocèse de Beauvais.

Péron, Chef de Division à la Préfecture de l'Oise.

Perrot, Professeur au Collége de Beauvais.

Rabuté, Propriétaire à Sérifontaine.

Sarrasin, Maire de Parnes.

Simon, Régisseur de M. le Duc de Mouchy.

Société d'Agriculture de Compiègne.

Société d'Agriculture de Mirande (Gers).

Vaillant, Agent-Voyer comptable à Beauvais.

Vandercolme, Propriétaire à Dunkerque.

Walrand, Notaire, Président de la Société d'Agriculture de Maubeuge.

Vasselle, Adjoint à Hétomesnil.

Vuatrin père, Propriétaire à Beauvais.

Zoéga, Professeur au Collége de Beauvais.

ASSOCIATION AGRICOLE DE DRAINAGE.

Propriété de M.   **sise à**

*DEVIS ESTIMATIF des Travaux de toute nature à exécuter
et des Dépenses à faire pour le Drainage de la Propriété de
M.   située à   et comprise
sur l'Atlas cadastral, sous le n°   , section*

1° Transport et vacation sur les lieux de l'Agent de l'Administration chargé du nivellement du terrain, du lever de plan, ci.

2° Rédaction du projet.............. ....

5° Fouilles, si elles sont faites par l'Association ....

Ces dépenses devront toujours être payées par le propriétaire, soit qu'il traite, soit qu'il ne traite pas avec l'Association, pour le drainage. Il n'y a de frais de vacation que pour les Aides et les Agents secondaires.

4°   m   courants de drains ordinaires à   l'un, ci..

5°   m   courants de drains collecteurs à   l'un, ci..

6°   m   courants de fossés de décharge, s'il n'en existe

7°   Tuyaux de 1re dimension à 21 fr. 50 le mille, non compris ni charge ni transport................

Tuyaux de 2e dimension à 27 fr. le mille *id.* *id.*

Tuyaux de 5e dimension à 42 fr. le mille *id.* *id.*

Tuyaux de 4e dimension à 60 fr. le mille *id.* *id.*

Manchons de 1re dimension à   le mille *id.* *id.*

Manchons de 2e dimension à   le mille *id.* *id.*

½ Manchons de 1re dimension à   le mille *id.* *id.*

½ Manchons de 2e dimension à   le mille *id.* *id.*

8° Transport de   tuyaux de 1re dimension...........

Transport de   *id.* de 2e   *id* ....

Transport de   *id.* de 5e   *id* ....

Transport de   *id.* de 4e   *id* ....

Total à reporter..........

Report . . . .

Transport de   manchons de 1re dimension . . . . . .

Transport de   *id.*   de 2e   *id.* . . . .

Transport de   ½ manchons de 1re   *id.* . . . .

Transport de   *id.*   de 2e   *id.* . . . .

9° Placement des tuyaux et des tuileaux à 0^f   le mètre courant, ci . . . .

10° Remplissage des drains à 0^f   le mètre courant, ci . .

11°   ^m   de pierres à   l'un pour extraction, ci . .

12° Eboulements probables, en enlevant les pierres dans les drains, enlèvement des terres et ragréage, travaux calculés à   pour 100 mètres courants de drains, ci . . . .

13° Surveillance (1) . . . .

14° Frais de régie, outils (2) . . . .

15° Transport ⎰ du Contre-Maître et des Ouvriers (aller et retour, temps perdu) . . . . ⎱ des outils, ci . . . .

16° Pour avance de fonds jusqu'au remboursement qui aura lieu après l'achèvement des travaux, ci . . . . . .

Montant général des dépenses . . . . . .

Dressé par le soussigné.

A   le   185 .

Vu par l'Inspecteur.

A   le   185 .

Approuvé par le Vice-Président.

A   le   185 .

Accepté par le Propriétaire.

A   le   185 .

(1) Pour les sommes au-dessous de 500 fr., $\frac{1}{10}$; pour celles de 500 fr. et au-dessus jusqu'à 1,000 fr., $\frac{1}{20}$; pour celles de 1,001 à 2,000 fr., $\frac{1}{25}$; pour celles de 2,001 à 5,000 fr., sur les mêmes propriétés, $\frac{1}{30}$; pour celles de 5,001 à 10,000 fr., $\frac{1}{50}$; et pour celles d'un chiffre supérieur, $\frac{1}{100}$. Cette somme est destinée à couvrir une partie des frais généraux et à payer les vacations des Agents secondaires.

(2) Moitié des frais ci-dessus pour les mêmes cas.

LOI

*Sur le libre écoulement des eaux provenant
du drainage,*

VOTÉE PAR LE CORPS LÉGISLATIF, LE 12 MAI 1854.

ART. 1er.

Tout propriétaire qui veut assainir son fonds par le drainage
ou par un autre moyen d'assèchement, peut, moyennant une
juste et préalable indemnité, en conduire les eaux souterrai-
nement ou à ciel ouvert, à travers les propriétés qui séparent
ce fonds d'un autre cours d'eau ou de toute autre voie d'écoulement.

Sont exceptés de cette servitude, les maisons, cours, jar-
dins, parcs et enclos attenant aux habitations.

ART. 2.

Les propriétaires de fonds voisins ou traversés ont la faculté de se servir des travaux faits en vertu de l'article précédent, pour l'écoulement des eaux de leurs fonds.

Ils supportent dans ce cas : 1° une part proportionnelle dans
la valeur des travaux dont ils profitent; 2° les dépenses résultant des modifications que l'exercice de cette faculté peut
rendre nécessaires; et 3° pour l'avenir, une part contributive
dans l'entretien des travaux devenus communs.

ART. 3.

Les associations de propriétaires qui veulent, au moyen de
travaux d'ensemble, assainir leurs héritages par le drainage
ou tout autre mode d'assèchement, jouissent des droits et
supportent les obligations qui résultent des articles précédents.
Ces associations peuvent, sur leur demande, être constituées,

par arrêtés préfectoraux, en syndicats auxquels sont applicables les articles 3 et 4 de la loi du 14 floréal an XI.

Art. 4.

Les travaux que voudraient exécuter les associations syndi-
cales, les communes ou les départements, pour faciliter le
drainage ou tout autre mode d'assèchement, peuvent être dé-
clarés d'utilité publique par décret rendu en conseil d'Etat.

Le règlement des indemnités dues pour expropriations est
fait conformément aux paragraphes 2 et suivants de l'art. 16
de la loi du 21 mai 1836.

Art. 5.

Les contestations auxquelles peuvent donner lieu l'établissement et l'exercice de la servitude, la fixation du parcours des
eaux, l'exécution des travaux de drainage ou d'assèchement,
les indemnités et les frais d'entretien sont portés en premier
ressort devant le juge de paix du canton, qui, en prononçant,
doit concilier les intérêts de l'opération avec le respect dû à
la propriété.

S'il y a lieu à expertise, il pourra n'être nommé qu'un seul
expert.

Art. 6.

La destruction totale ou partielle des conduits d'eau ou
fossés évacuateurs est punie des peines portées à l'article 456
du Code pénal.

Tout obstacle apporté volontairement au libre écoulement
des eaux est puni des peines portées par l'article 457 du
même Code.

L'article 463 du Code pénal peut être appliqué.

Art. 7.

Il n'est aucunement dérogé aux lois qui règlent la police
des eaux.

ANNEXES.

Différentes sortes de conduits couverts (conduits en pierres, en briques, en tuiles) étaient connues dès la plus haute antiquité ; on en rencontre en Perse dont l'origine est ignorée, et qui rendent cultivables des terrains qui, à leur défaut, seraient à l'état de marais. Les Persans les appellent *kérisès*, et, par une combinaison qui ne peut avoir été conçue que par des peuples très-intelligents, ces kérisès *servent à la fois* à assainir des terres qui auraient été inondées, et à irriguer avec des eaux nuisibles des terrains inférieurs que la sécheresse aurait rendus improductifs.

(*Encyclopédie du XIXe siècle*, t. 15, p. 444.)

Olivier de Serres, qui était l'ami de Sully, et que le roi Henri IV appelait « le père de l'agriculture française, » enseigne l'application du même moyen d'assèchement, et conseille l'emploi pour l'*irrigation* des eaux provenant de l'*assèchement*.

(V. *Théâtre de l'agriculture et Ménage des champs*, 1604.)

Nous ajouterons qu'à Noailles nous allons alimenter *un lavoir public,* au moyen des eaux provenant du drainage d'un pré appartenant à M. le duc de Mouchy ; que les mesures d'assainissement que nous recommandons, auront toujours pour résultat d'augmenter la force motrice des usines établies sur les rivières, de rendre facile l'irrigation des prairies, de combattre efficacement l'évaporation, en réduisant autant qu'il est possible de le faire, la surface liquide sur laquelle peuvent agir les influences atmosphériques, de faire ainsi disparaître progressivement quelques-unes des causes des pluies qui désolent trop souvent nos contrées.

En effet, les eaux, au lieu de rester stagnantes dans les terrains peu perméables, et d'offrir ainsi à la capillarité provoquée par l'évaporation, une superficie d'une étendue très-considérable, s'écouleront facilement et il ne restera plus exposée aux rayons solaires, que la surface actuelle des cours d'eau, toujours la même ou à-peu-près, quelle que soit, d'ailleurs, la hauteur de la section de ces émissaires.

On comprend aisément que moins l'évaporation absorbera d'eau, plus il en restera à la disposition de l'industrie et de l'agriculture, sans qu'elle puisse nuire, puisqu'au contraire, on se trouvera toujours à même de l'utiliser d'une manière avantageuse.

***

Quand nous avons donné des indications relatives aux plantes qui se trouvent dans les terrains humides, nous n'avons pas eu la prétention d'en faire la nomenclature complète. Il y a des mousses, par exemple, qu'il ne pouvait entrer dans nos vues de faire connaître; mais, nous avons omis de mentionner l'élégant *Myosotis arvensis*, appelé *No me olbides*, en Espagne, *Forget me not*, en Angleterre, *Vergiss mein nicht*, en Allemagne, et, en France, *Souvenez-vous de moi*, ou *Yeux de l'enfant Jésus*. Comme cette jolie fleur se remarque dans tous les terrains humides de nos contrées, j'ai dû l'indiquer.

On trouve encore dans les mêmes lieux, le *Muscari*; dans les herbages froids, les *Narcisses*; et dans les prés, les *Carex* de toute nature, les *Choins*, les *Prêles*, le *Cyperus* ou *Souchet*, les *Scirpes*, l'*Eriophorum* ou *Linaigrette*, dont une espèce se nomme vulgairement *Lin des marais*, et, enfin, l'*Orchis latifolia*.

TABLE DES MATIÈRES.

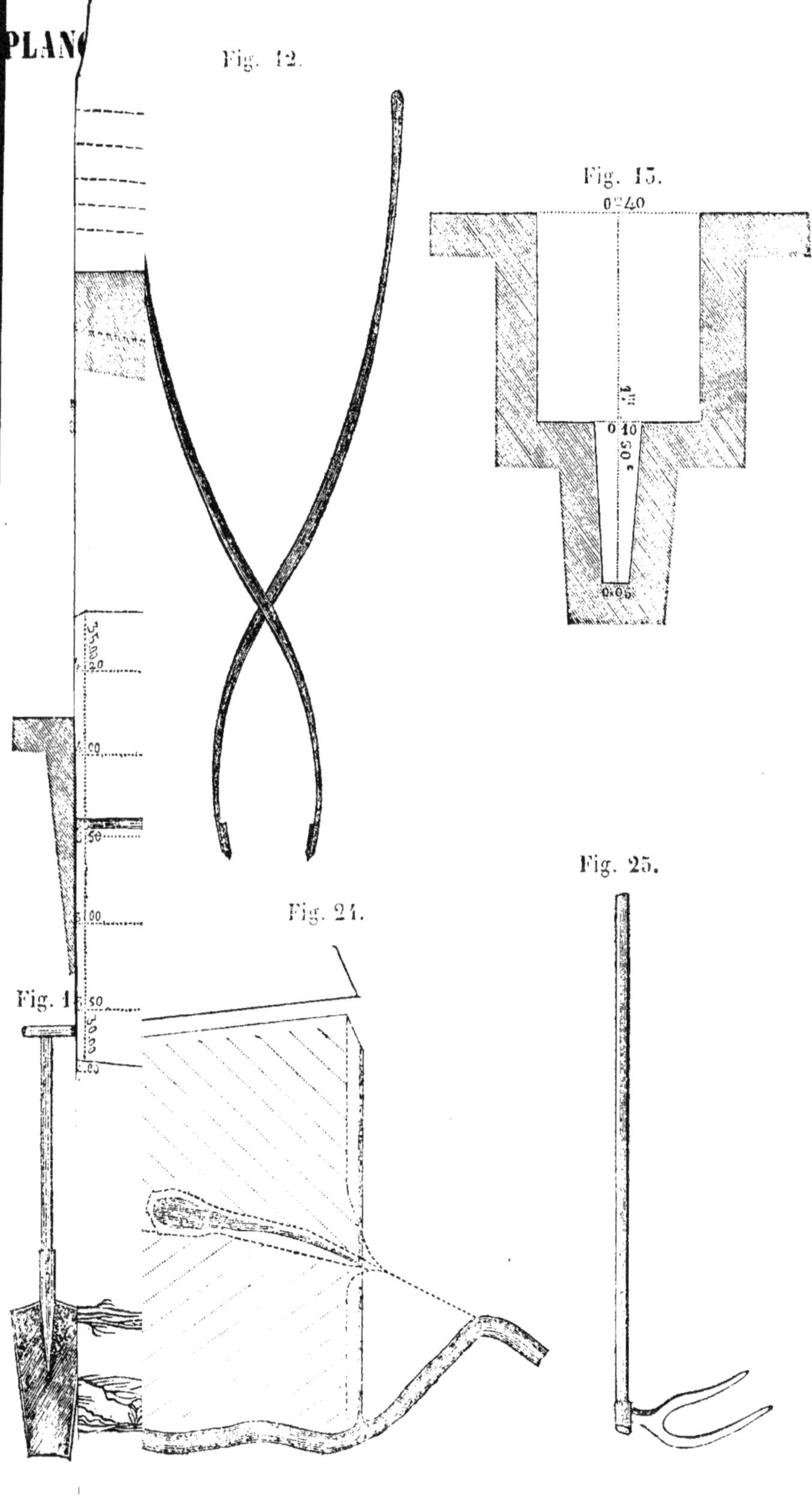

PLANC
Fig. 12.
Fig. 15.
0.40
1.m
0.10
0.50.c
0.05
Fig. 24.
Fig. 25.
Fig. 1

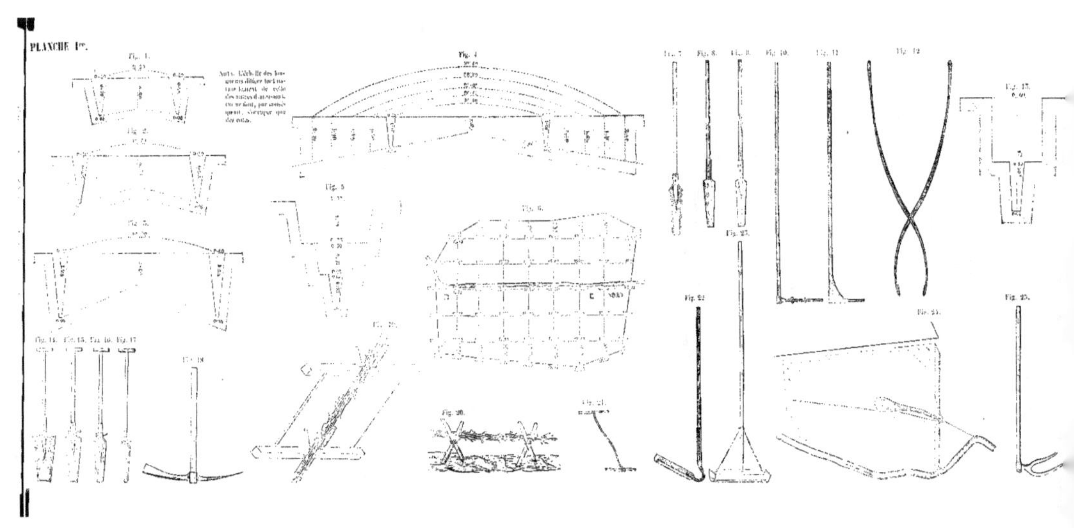

Fig. 1.
Note. L'échelle des longueurs diffère fort naturellement de celle des autres dimensions. On ne doit, par conséquent, s'occuper que des cotes.
Fig. 2.
Fig. 3.
Fig. 4.
Fig. 5.
Fig. 6.
Fig. 7. Fig. 8. Fig. 9. Fig. 10. Fig. 11. Fig. 12. Fig. 13.
Fig. 14. Fig. 15. Fig. 16. Fig. 17. Fig. 18.
Fig. 19.
Fig. 20.
Fig. 21.
Fig. 22.
Fig. 23.
Fig. 24.
Fig. 25.

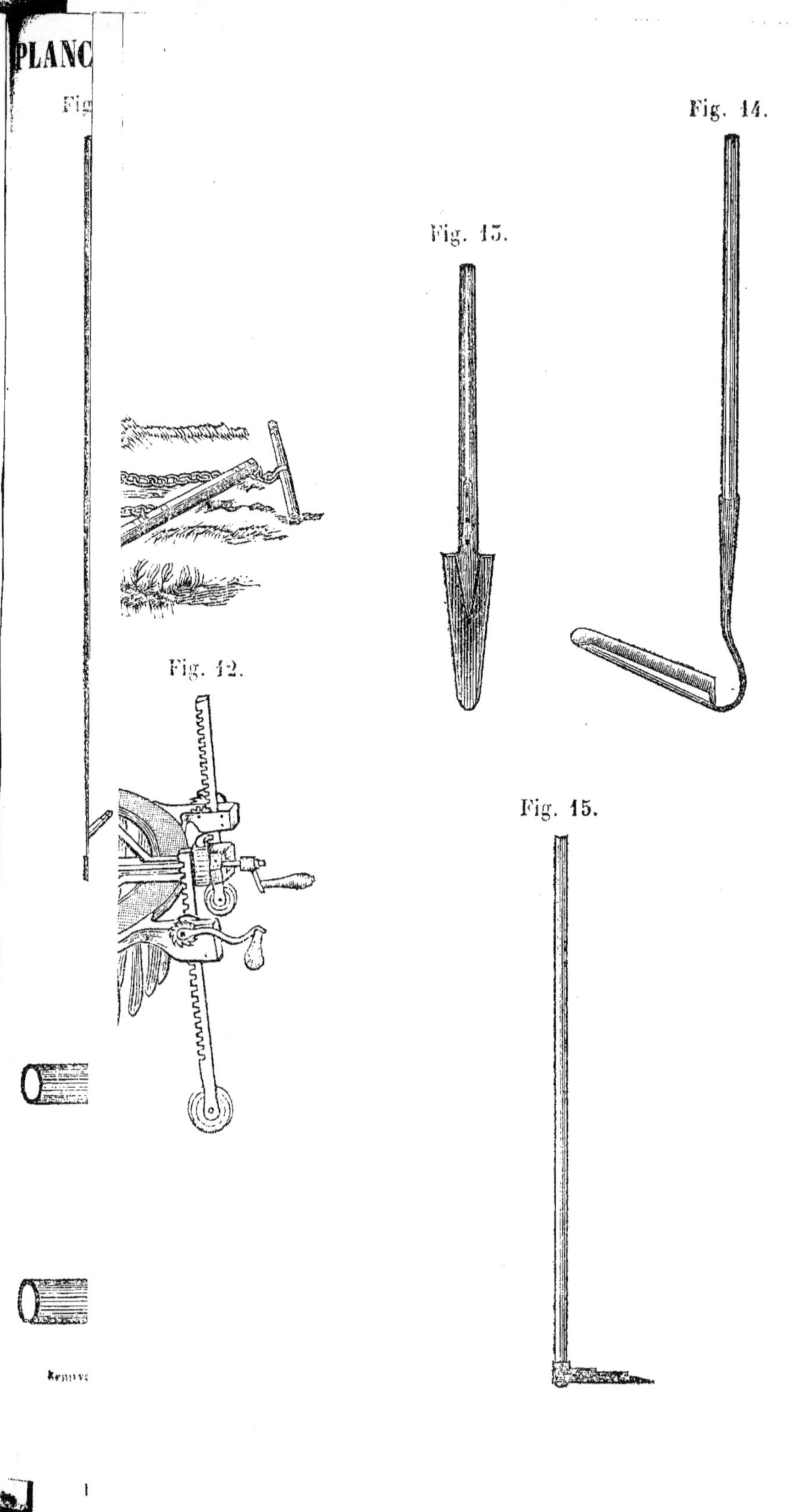

PLANC
Fig.
Fig. 14.
Fig. 13.
Fig. 12.
Fig. 15.

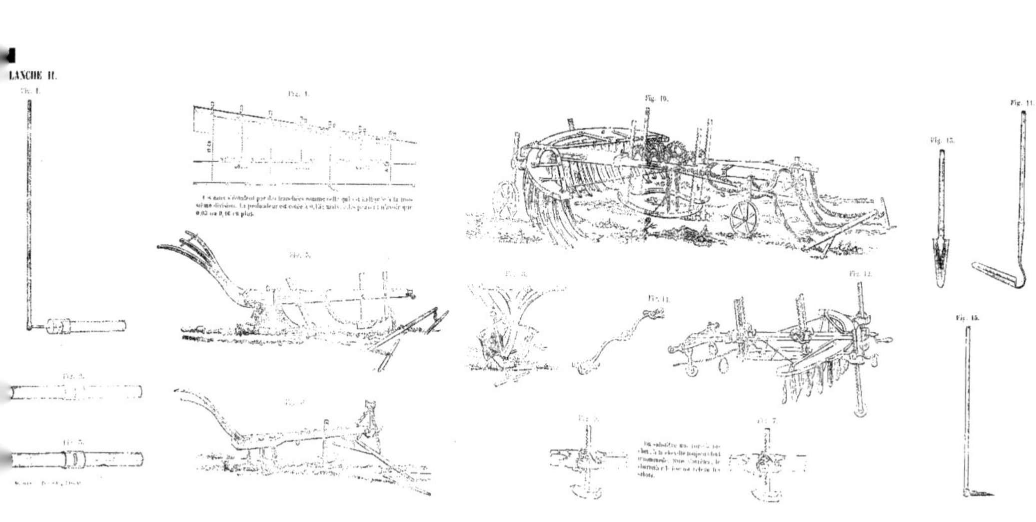
Fig. 1.
Fig. 2.
Fig. 10.
Fig. 14.
Fig. 13.
Fig. 3.
Fig. 8.
Fig. 9.
Fig. 12.
Fig. 15.
Fig. 4.
Fig. 5.
Fig. 6.
Fig. 7.

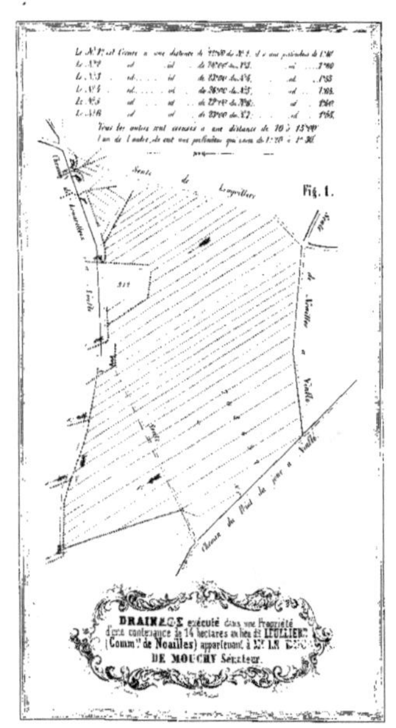

Fig. 1.
DRAINAGE exécuté dans une Propriété
d'une contenance de 14 hectares au lieu dit LEULLIER
(Comm.ᵉ de Noailles) appartenant à M.ᵉ LE DUC
DE MOUCHY Sénateur.

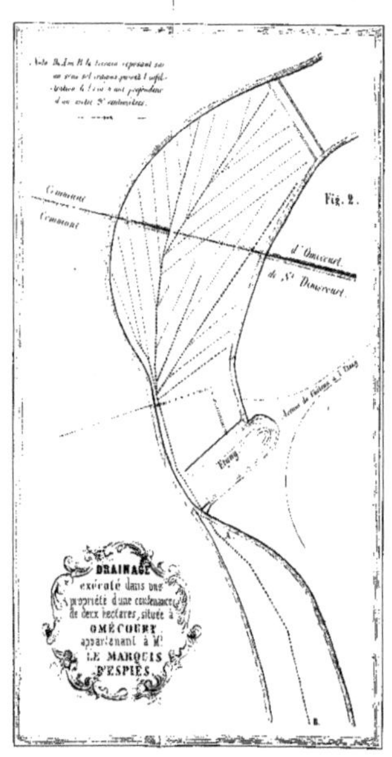

Fig. 2.
DRAINAGE
exécuté dans une
propriété d'une contenance
de deux hectares, située à
OMÉCOURT
appartenant à M.ᵉ
LE MARQUIS
D'ESPIÈS

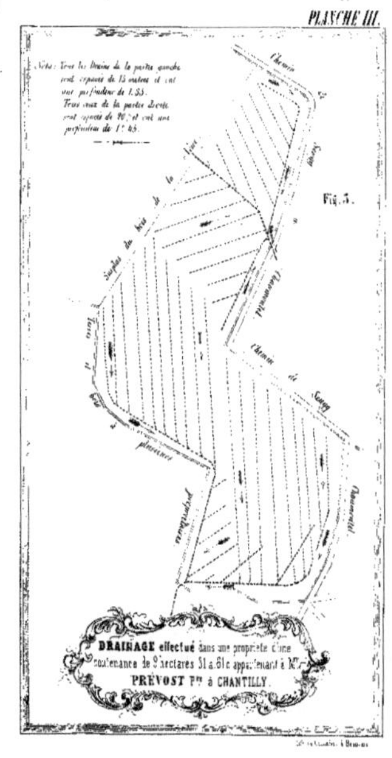

Fig. 3.
DRAINAGE effectué dans une propriété d'une
contenance de 9 hectares 31 a. 61 c. appartenant à M.ᵉ
PRÉVOST P.ᵉ à CHANTILLY.